井控装备维修检测手册

曹月臣　主编

石油工业出版社

内容提要

本书包括井控装备的国内外发展现状、检维修操作、无损检测规程、安装标准作业程序、现场失效案例与常见故障排除等内容。通过大量现场实操图片和国内主要厂家产品维修使用说明，图文并茂地展示了井控装备维修操作的关键环节，简洁直观，便于检维修人员理解掌握，尤其对井控车间（或井控装备所属单位）检维修人员具有一定指导意义。

本书既可作为基层员工岗位技术培训教材，也可作为相关从业人员的参考用书。

图书在版编目（CIP）数据

井控装备维修检测手册 / 曹月臣主编. —北京：
石油工业出版社，2023.3
ISBN 978-7-5183-5834-2

Ⅰ.①井… Ⅱ.①曹… Ⅲ.①井控设备–维修–手册
②井控设备–检测–手册　Ⅳ.① TE921-62

中国国家版本馆 CIP 数据核字（2023）第 022377 号

出版发行：石油工业出版社
　　　　　（北京市朝阳区安华里 2 区 1 号楼 100011）
　　　　网　　址：www.petropub.com
　　　　编辑部：（010）64240756
　　　　图书营销中心：（010）64523633
经　　销：全国新华书店
印　　刷：北京中石油彩色印刷有限责任公司

2023 年 3 月第 1 版　2023 年 3 月第 1 次印刷
787×1092 毫米　开本：1/16　印张：18.25
字数：422 千字

定价：128.00 元
（如发现印装质量问题，我社图书营销中心负责调换）

《井控装备维修检测手册》
编委会

主　　任：艾　鑫　杨智光

副主任：伍贤柱　王洪星　李吉军　李德鸿　刘文鹏

委　　员：冯水山　彭　利　王林忠　宋瑞宏　邓校国

　　　　　王学强　宋玉君　安百龙　关　彬　陈绍伟

　　　　　危常胜　胡清富　蒋海洋　牛玉祥　周天畅

　　　　　楚　坤　陈焕峰　郑何光　刘双伟　徐勇军

　　　　　王茂华　王林刚　张向前　罗昱恒　向文进

　　　　　高新清　陈玉海　郭　耀　常永涛　谯青松

　　　　　胡光辉　高海军　刘长明　李建民　李振超

编审组

主　　编：曹月臣

副主编：王润涛　王　宇

审　　核：张　勇

编写人员：王焕文　吴　军　江泽帮　曾　莲　罗琼英

　　　　　李　军　沈　维　刘铁成　孙　伟　谷占伟

　　　　　张　鑫　杨　光　钟号军　周　石　王宏军

井喷失控是石油天然气勘探开发过程中发生的灾难性事故。井控装备的产品质量、检维修、安装维护、现场使用等管理工作是搞好井控工作的关键环节，对于控制溢流、防止井喷失控事故发生至关重要。

《井控装备维修检测手册》一书借助500余张图表，结合文字说明，把井控装备维修检测操作步骤展示出来；用标准作业程序（SOP）形式把井控装备安装与使用体现出来；通过井控装备失效案例剖析把故障排除方法总结出来。让检维修人员对井控装备的结构原理、维修检测、安装使用、故障排除等有了更清晰透彻的理解和掌握，也为从事钻完井现场管理、技术和操作人员提供了参考指南。这是一本井控装备相关从业人员的参考用书和实操教材。

隐患是潜在的危险，风险是有危险发生的可能性。始于毫末，起于垒土，唯有扎实做好基础管理，善于发现小隐患、小风险，才能杜绝大事故！望广大井控工作者对比书中标准化流程、案例，除隐患、消风险，确保井控本质安全。

秦永和

2023.3.13

前言

井控装备是指实施油气井压力控制技术所需的专用设备、管汇、专用工具、仪器和仪表等。当油气田钻修井作业过程中出现井涌、井喷等紧急状况时，井控装备可以快速封堵井口，在保证钻修井作业顺利进行和保障现场人员人身安全方面具有重要意义。统计近几年集团公司井控检查通报数据发现：井控装备管理类出现的问题项占比较高，有装备资质把关不严格、现场安装使用不规范、井控车间维修检测不合格等。

《井控装备维修检测手册》一书中，一是介绍井控装备国内外现状及发展趋势、国内主要生产厂家的最新产品；二是结合国内主要生产厂家井控装备维修操作说明，配置大量实操图片，图文并茂地展示出检维修操作的关键环节，简洁直观，便于现场操作人员理解；三是通过井控装备失效案例分析，让现场操作人员对造成井控装备故障的原因有更直观深入的了解。本书既是一本工具书，又可作为基层员工实操培训教材，尤其对井控车间（或井控装备所属单位）检维修人员具有一定指导意义。因各油气田企业对井控装备现场安装使用与维护的要求不同，有些标准规范要求可能与本书中的内容不一致，因此，现场还需结合所在油气田井控实施细则来执行。

本书在编写过程中得到了各级领导、井控专家（特别是中国石油天然气集团有限公司钻井技能专家、渤海钻探职业教育培训中心张勇老师为本书审核）和部分生产厂家（如河北华北荣盛石油机械制造有限公司、北京石油机械有限公司、承德江钻石油机械有限责任公司、沈阳鑫榆林石油机械有限公司、牡丹江北方油田机械有限公司）的鼎力支持与帮助，在此一并表示衷心地感谢！

由于编者水平有限，书中不妥之处在所难免，请广大读者提出宝贵意见和建议。

目录

第一章
井控装备概述及国内外发展现状

第一节　井控装备概述

在油气井钻井过程中，钻井液液柱压力的主要作用是平衡地层压力、控制溢流、防止井喷。井控装备则是在地层压力超过钻井液液柱压力时，及时发现溢流，控制井内压力，避免和排除溢流，是防止井喷及处理井喷失控事故的重要设备。如何及时发现、正确控制和处理井喷事故，尽快重建压力平衡的钻井技术（简称平衡钻井及井控技术），不仅关系着地下油气资源的发现、保护和开发，而且还直接关系着钻井速度的提高、井喷事故的预防。

一、井控装备的功能

在钻井过程中，为了防止地层流体侵入井内，始终要保持井筒内的钻井液静液柱压力略大于地层压力，这就是所谓对地层压力的初级控制。但在实际施工中，常因多种因素的影响，使井内压力平衡遭到破坏而出现溢流，甚至井喷，这时就需要依靠井控装备实施压井作业，重新恢复对油气井的压力控制。有时井口设备损坏严重，油气井失去压力控制，这时就需采取紧急抢险措施，进行井喷抢险作业。所以，井控装备应具有以下功能：

（1）及时发现溢流。在钻井过程中，利用专用仪器、仪表等能够对地层压力、钻井参数、钻井液量等进行实时监测，以便及时发现溢流显示，尽早采取控制措施。

（2）能够关闭井口，控制溢流。溢流发生后，利用钻具内防喷工具和防喷器迅速关闭，密封钻具内和环空的压力，防止发生井喷，并通过建立足够的井口回压，实现对地层压力的二次控制。

（3）压井作业时，井内流体可控制地进行排放。实施压井作业时，控制节流管汇上节流阀开启度维持足够的井底压力，重建井内压力平衡；也可通过节流管汇控制流体流动方向。

（4）允许向钻杆内或环空泵入钻井液、压井液或其他流体。

（5）在必要时能够利用关闭状态的环形防喷器、闸板防喷器或专用的强行起下钻装置，将钻具强行下入井中或从井中起出工具。

显然，井控装备是对油气井实施压力控制，对溢流进行监测、控制、处理的关键设备，是实现井喷事件预防、钻井安全的可靠保证，是钻井设备中必不可少的系统装备。

二、井控装备的组成

井控装备包括井口装置、控制装置、井控管汇、钻具内防喷工具、井控仪表、辅助设备和专用设备等。

（1）井口装置，主要包括环形防喷器、闸板防喷器、分流器、旋转防喷器、四通及套管头等。

（2）控制装置，主要包括远程控制台、司钻控制台、辅助遥控台等。

（3）井控管汇，包括节流管汇、压井管汇、防喷管线、放喷管线、反循环管线、钻井液回收管线等。

（4）钻具内防喷工具，主要包括方钻杆旋塞阀、顶驱旋塞阀、钻具止回阀（箭形止回阀、投入式止回阀、钻具浮阀）、防喷单根、防喷立柱等。

（5）井控仪表，主要包括钻井液液面监测报警仪、返出流量监测报警仪、钻井泵泵冲记数仪、有毒有害及易燃易爆气体检测报警仪和钻井液温度、密度等参数的检测仪器等。

（6）辅助设备，主要包括液气分离器、除气器、加重装置、起钻自动灌浆装置等设备。

（7）专用设备，主要包括强行起下钻装置、灭火设备、带压密封钻孔装置、水力切割工具及拆装井口工具等。

典型的井控装备组成如图1-1所示。

根据井控安全工作相关规定，首先应配齐的井控装置有：液压防喷器、节流压井管汇及控制系统、套管头、方钻杆上旋塞阀、方钻杆下旋塞阀、钻具止回阀、钻井液除气器、液气分离器、起钻灌钻井液装置和循环罐液面监测装置等。井控装备中的强行起下钻装置、灭火设备、带压密封钻孔装置、水力切割工具及拆装井口工具等用于特殊井控作业。

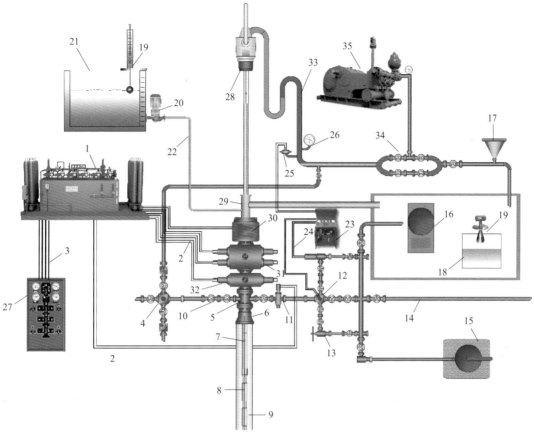

图 1-1　井控装置配套示意图

1—防喷器远程控制台；2—防喷器液压管线；3—远程控制台气管束；4—压井管汇；5—四通；6—套管头；7—方钻杆下旋塞；8—旁通阀；9—钻具止回阀；10—手动闸阀；11—液动闸阀；12—套管压力表；13—节流管汇；14—放喷管线；15—钻井液气分离器；16—真空除气器；17—钻井液加重混合漏斗；18—钻井液罐；19—钻井液罐液面监测传感器；20—灌钻井液泵；21—灌钻井液罐；22—灌浆管线；23—节流管汇控制箱；24—节流管汇控制管线；25—压力变送器；26—立管压力表；27—防喷器司钻控制台；28—方钻杆上旋塞；29—防溢管；30—环形防喷器；31—双闸板防喷器；32—单闸板防喷器；33—立管；34—地面高压管汇；35—钻井泵

第二节　井控装备国内外发展现状及发展趋势

一、防喷器国内外发展现状及发展趋势

（一）防喷器国内外发展现状

国外防喷器主要制造商有国民油井华高公司（NOV）、卡麦隆（CAMERON）和通用油气（GE），这 3 家公司技术实力居行业领先地位，特别是全球水下防喷器产品的制造技

术几乎被它们垄断。国内防喷器行业经过四十多年的发展，目前我国已成为防喷器世界第二大生产国，主要厂家有河北华北石油荣盛机械制造有限公司（以下简称华北荣盛）、上海神开石油化工装备股份有限公司、宝鸡石油机械有限责任公司等，目前陆上防喷器制造水平已达到国际先进水平，产品遍及国内外市场。据统计，国内防喷器近 5 年累计生产 2 万余台，出口数量占 20%，防喷器拥有数量居全球首位，在用防喷器 1.4 万余台。海洋高端防喷器仅部分厂家开展了技术研究和产品研制，除少量产品在固定平台和自升平台应用外，国产水下防喷器尚未得到实际工程应用。陆上防喷器和水下防喷器分别如图 1-2 和图 1-3 所示。陆地闸板防喷器、陆地环形防喷器、海洋闸板防喷器国内外对比情况如表 1-1、表 1-2、表 1-3 所示。

图 1-2　陆上防喷器

图 1-3　水下防喷器

表 1-1　国内外陆地闸板防喷器对比表

对比项目	国　　外	国　　内
最高额定压力	13⅝in、172.4MPa（25000psi）（CAMERON 制造）	11in、138MPa（20000psi）
最大通径	680mm	680mm
闸板胶芯极限高温	固定孔闸板胶芯极限高温 232℃（CAMERON 制造）；剪切闸板胶芯极限高温 177℃；变径闸板胶芯极限高温 121℃；最高压力等级 105MPa	固定孔闸板胶芯极限高温 205℃；剪切闸板胶芯极限高温 177℃；变径闸板胶芯极限高温 121℃；最高压力等级 105MPa
变径闸板最大变径范围	3½ ～ 7⅝in（CAMERON 制造），国外变径闸板规格 30 多种	3½ ～ 7⅝in，变径闸板规格 50 余种，超过国外规格
剪切闸板剪切能力	NOV 48-105 防喷器剪切 6⅝in S-135 钻杆接头（液缸尺寸 558.8mm）	荣盛 48-105 防喷器可剪切 5½in S-135 过渡带（壁厚 30mm，液缸尺寸 508mm）

表 1-2　国内外陆地环形防喷器对比表

对比项目	国　　外	国　　内
最高额定压力	11in、103.5MPa（15000psi）（GE-Hydril 制造）	11in、103.5MPa（15000psi）
最大通径	760mm	760mm
胶芯极限高温	132℃（GE-Hydril 制造），压力等级可达 70MPa	35MPa 环形胶芯极限高温最高为 132℃，70MPa 环形胶芯极限高温最高为 93℃

表 1-3　国内外海洋闸板防喷器对比表

对比项目	国　　外	国　　内
温度	闸板防喷器：177℃；环形防喷器：121℃	闸板防喷器：93～121℃
防硫性能	Hydril 防喷器抗硫等级：35%；环形防喷器抗硫等级达到 5%	—
防腐性能	国外防喷器厂家推出了系列化防腐标准，有普通磷化、关键密封部位堆焊、全部密封部位堆焊等防腐标准，可供用户根据需要采购。Shaffer、Hydril 厂家防喷器采用密封顶座、底部耐磨板形式，基本避免了防喷器本体大修的需要，提升了设备可靠性，同时也降低了后续的维护成本	国内没有明确的相关防腐标准，用户只能依据经验对所购置的设备进行维护
剪切性能	海洋钻机都配有剪切密封闸板防喷器，并相应配有辅助液缸、大液缸，或两种形式复合液缸，以提高剪切能力。国外厂家也不断对剪切能力进行改型升级，特别是 Shaffer 公司研制出了低剪切力闸板防喷器（LFS 型），各厂家也在进行电缆剪切的研发，推出了部分型号的电缆剪切闸板芯子，使剪切能力得到了很大提升	—
操作性能	各厂家推出了方便现场操作的设计，如通过改进侧门密封形式，降低闸板防喷器侧门螺栓上紧扭矩，开发无螺栓侧门（Shaffer 研发）等，大大提高了侧门开关和更换闸板芯子的效率，提升了作业时效	—
密封件性能	6～10 年	2 年
水下防喷器研发	水下防喷器组目前还被国外公司垄断，厂家在设备结构设计和布局方面不断优化，更方便现场操作和维护	国内在水下防喷器组成套化研发方面基本停滞不前

1. 超高压气密封防喷器

目前国外闸板防喷器最高压力级别达 172.4MPa，通径 13⅝in（350mm），为斯伦贝谢-卡麦隆公司制造；国内闸板防喷器最高压力级别为 138MPa，通径 280mm，已应用于大庆钻探、西部钻探、川庆钻探等单位。超高压气密封防喷器如图 1-4 所示。

目前，国外各大防喷器制造商尚无高压气密封的概念，也未对气密封性能做出承诺。

国内已开展气密封方面的研究和探索，并逐渐掌握超高压气密封的关键核心技术，可实现超高压气密封（图1-5）。

图1-4　超高压气密封防喷器　　　　　图1-5　对防喷器进行超高压气密封试验

2. 气井带压作业防喷器

目前国内已突破承压件表面抗磨损处理及防喷器焊接关键技术，焊接技术达到卡麦隆公司同等水平，研制成功气井带压作业防喷器并实现国产化，替代进口防喷器。目前工作压力达到140MPa的气井带压作业防喷器已经开发成功（图1-6、图1-7）。

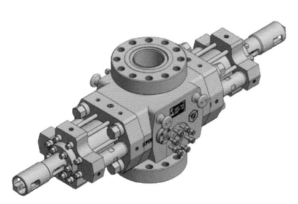 

图1-6　气井带压作业防喷器　　　　　图1-7　气井带压作业防喷器现场应用

3. 高温高压防喷器

目前国外中东市场有177℃（350℉）超高温防喷器需求，仅斯伦贝谢－卡麦隆公司研制的高温防喷器可满足要求。国内也开发了此类高温高压防喷器（图1-8），并应用于我国（中国石油青海油田、西部钻探、川庆钻探，中国海油，中国石化海洋局等单位）和科威特、阿曼、伊拉克等国家。大范围变径闸板防喷器应用于国内（中国海油等单位）及国外（科威特、阿曼等国家）市场。图1-9为试验后的高温变径闸板胶芯。

图 1-8　高温高压防喷器

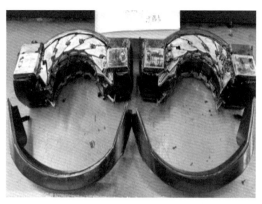

图 1-9　试验后的高温变径闸板胶芯

国内外厂家生产的高温高压防喷器关键核心部件——闸板胶芯的极限高温能力对比如表 1-4 所示。

表 1-4　国内外厂家生产的闸板胶芯高温能力对比表

对比项目	斯伦贝谢－卡麦隆公司研制	国内厂家
固定孔闸板胶芯	极限高温达 232℃（450℉）	极限高温可达 205℃；连续高温可达 149℃
剪切闸板胶芯	温度等级最高为 177℃（350℉）	极限高温可达 177℃；连续高温可达 132℃
大范围变径闸板胶芯	大范围变径闸板胶芯极限高温为 121℃（250℉）	极限高温可达 121℃；连续高温可达 93℃
最高压力等级	105MPa	105MPa

4. 高抗硫防喷器

国外研发了人造橡胶，其额定温度已经达到了 177℃，闸板满足 NACE MR0175 标准，可在含硫化氢的环境中使用。

国内参考 API 6A 中 HH 级产品的要求，对接触井液的表面及非金属密封件都采取了特殊处理，首创了高抗硫防喷器产品（图 1-10、图 1-11、图 1-12、图 1-13）。

图 1-10　高抗硫防喷器

图 1-11　椭圆形腔体堆焊合金

图1-12 采用世界先进设备进行堆焊层加工　　图1-13 矩形腔体堆焊合金

5. 大能力剪切防喷器

国外卡麦隆公司研制了大井眼剪切阀帽，比常规油缸的容积大35%甚至更多，可产生比常规油缸高出35%的关井压力，满足大型剪切力的要求，且已经研制出额定工作压力25000psi（172.4MPa）的超高压、大尺寸剪切液缸闸板防喷器。国民油井48-105NXT防喷器采用LFS型剪切闸板，可剪切6⅝in钻杆接头（液缸直径558.8mm）。

国内研制的大能力剪切防喷器（图1-14、图1-15），能够在井压70MPa下，剪断5⅞in钻杆（材料等级S110、壁厚12.7mm、冲击功160J），并能在剪切后实现105MPa的可靠密封。此类防喷器已用于国内各大油田。

图1-14 大增压缸剪切防喷器　　　　　　图1-15 剪切刀体探伤

6. 自动化防喷器

国外研制了无侧门连接螺栓闸板防喷器（NXT BOP）和自动闸板芯子更换器（ARC）系统。同时，ARC系统已在NXT BOP上应用，可从一个简易移动的闸板储存库中快速准确地取出和更换防喷器闸板，只需两人即可完成闸板的更换，且更换闸板的时间减少至30min。无侧门连接螺栓防喷器如图1-16所示。

图 1-16　无侧门连接螺栓防喷器

（二）国内外防喷器发展趋势

1. 高性能重型防喷器

（1）最高工作压力：207MPa（30000psi）。

（2）剪切闸板胶芯极限操作温度：203℃。

（3）抗硫化氢和二氧化碳浓度：分别达到 15% 和 10%。

（4）剪切能力：可以剪断 6⅝in 高强度钻杆甚至钻杆接头。

2. 中小规格防喷器

向轻量化、集成化发展，以满足不同工作条件的具体需求。

3. 高压力操作液缸

提升剪切闸板剪切能力，35MPa（5000psi）操作液缸将是未来闸板防喷器的标配方向。

4. 高温高抗硫胶芯

应对高温高含硫井的作业需求，解决连续高温作业性能低的问题。

5. 水下防喷器组

不断优化设备结构设计和布局，实现水下防喷器组成套化。

二、控制装置国内外发展现状及发展趋势

（一）国内控制装置发展现状

我国的控制装置生产始于 20 世纪 70 年代，经过近 50 年的发展，目前国内自主生产的控制装置产品规格多、型号全，覆盖修井用 FK 型、钻修井用 FKQ 型，以及具有智能

化的电控气 FKDQ 型、电控液 FKDY 型，满足陆地、海洋、高温、严寒、无线遥控等需求。国内主要生产厂家有广州东塑石油钻采专用设备有限公司与北京石油机械有限公司。为了缩短与国际石油钻井行业的差距，目前我国正力推 FKDQ 电气控防喷器控制装置及无线遥控防喷器控制装置的应用（图 1-17）。

(a) 带无线遥控的防喷器控制装置   (b) FKDQ电气控防喷器控制装置

图 1-17　控制装置

1. 气控控制装置

我国前期生产的控制装置以气控液型为主，其作为防喷器控制装置的传统控制方式，主要受远程控制介质（压缩气体）限制，环境温度影响大、控制滞后时间长等缺点没有得到根本解决。由于上述原因，气控技术并未得到明显的延伸与发展，近年来的主要研究成果聚焦在产品质量稳定性提升方面。气控控制装置如图 1-18 所示。

图 1-18　气控控制装置

2. 电控控制装置

2000 年以来，我国陆续推广电控液控制装置，由于其具有不受高低温影响、控制响应速度快、可扩展性强的优势，已逐渐在不同钻井公司普及应用。其中塔里木油田自 2008 年以来，新增设备全部选用电控。自 2010 年墨西哥湾"深水地平线"钻井平台爆炸，引起行业内警示，中国海油海洋钻井平台对原气控控制装置分阶段改造，目前全部采用电控控制装置。中东地区、南美地区，以及俄罗斯和独联体等国家和组织也分别从我国采购电控控制装置。近年来国内在电控控制通信技术研发上致力于点对点、PLC 控制通信、PAC 及光纤等发展方向，技术发展相对较快。电控控制装置如图 1-19 所示。

图 1-19　电控控制装置

气控控制装置与电控控制装置对比情况如表 1-5 所示。

表 1-5　某公司气控控制装置与电控控制装置参数对比

电控系统优势	气控控制装置	电控控制装置
远程遥控方式	压缩空气	电信号
遥控时间	2 ～ 4s	1s
显示转阀位置	仅能在司钻台上显示上一次的操作情况	可以实时显示转阀工作位置
报警装置及控制功能	报警功能 3 项，控制功能单一，靠机械不易实现复杂控制逻辑	PLC 可编程逻辑控制，功能稳定且扩展性好
司钻台压力显示	远端压力显示受环境温度影响大，尤其是昼夜温差会造成压力显示不稳定	通过传感器采集，显示及时并且精确度高，可配备数字显示仪表，压力显示更加直观
使用环境	寒冷地区压缩空气里的水汽结冰会堵塞气路通道	可在寒冷地区使用，受环境温度影响较小

3. 无线遥控、应急关井控制装置

2008 年，国内生产厂家推出无线遥控控制装置，包含无线按钮箱、无线触摸屏、无线平板等多种监控方式，采用全向或定向天线实现短距离（300 ～ 500m）无线远程监测设备运行状态，带有操作功能，可作为紧急情况下辅助控制，实现对设备操作的无线监测和遥控。无线遥控界面也具备一键关井功能，可根据预设关井操作流程，一键实现应急关井操作。该无线控制装置在国内部分油田已得到普及，并已推广到国外。图 1-20 为无线遥控控制装置及现场使用图。

无线遥控、应急关井控制装置的状态监视与分析服务功能如下：

（1）设备实时监测。

①设备 7×24h 实时监测。

②现场实时数据处理。

③报警信息实时显示。

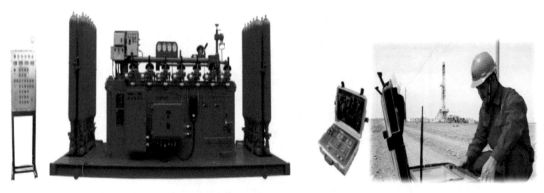

图 1-20　无线遥控控制装置及现场使用

（2）历史记录查询。

① 设备压力曲线监测。

② 设备操作记录查询。

③ 使用数据查询。

（3）GPS 实时定位信息。

① 设备位置监控。

② 作业环境查询。

③ 上井人员实时导航。

（4）设备库存管理。

① 出入库信息管理。

② 维修记录管理。

③ 库存信息管理。

（5）预防性维护提醒。

① 设备寿命统计。

② 预防性维护提醒。

③ 产品维护指导书。

④ 查询备件订货信息。

（6）多终端操作界面。

① PC WEB 客户端。

② 设备端本地监控。

③ 井控中心大屏展示。

4. 小、准、快型司钻控制台

针对国内使用工况，研制出带应急功能的小型化司钻控制台，具备一键操作关井功能，实现了在司钻逃离时间紧急或主控制系统故障的情况下快速有效关井，为操作者争取更多的逃生时间，保证操作人员生命安全的同时尽可能降低设备损失，避免发生井喷失控事故。电控和气控系列控制装置均可配备此功能（图 1-21、图 1-22）。

图1-21 一键应急关井　　　　　图1-22 气控司钻集成一键应急关井

5. 智能集成控制装置

国内外自动化钻井需配套井控设备自动化技术，因此需加快防喷器智能集成控制装置的研制。国内厂家开发的防喷器智能集成关井控制系统（集成防喷器开关、节流管汇控制、氮气备用系统、气动试压装置、钻井泵启停、绞车提钻杆等功能），改变了过去需要多人配合关井操作的流程，极大提高了操作的准确度和安全性。常见智能集成控制装置如图1-23至图1-26所示。

图1-23 智能集成控制装置

图1-24 集成分流器控制装置

图1-25 集成节流压井管汇控制装置　　　　图1-26 集成氮气备用系统控制装置

（二）国外控制装置发展现状

国外发达国家采用电控技术较早，在20世纪七八十年代已开始使用，尤其体现在海洋钻井深水作业平台的水下防喷器控制装置的控制上。近十多年来，开始将PLC控制通信、光纤通信传输等技术应用在控制装置上，如CAMERON，CAD，GE，CAI等厂家均推出PLC控制通信的防喷器控制装置，并已成为主流。

技术方面，国外电控控制装置产品性能优异，配备有工控机，可远程编辑或更新控制程序，远程监控和故障诊断技术应用更加成熟。控制装置的液压元件通过采用高品质材料和对系统液压油的清洁度进行控制，提高了液压控制元件寿命，从而提高了设备使用寿命。图1-27为国外电控防喷器控制装置。图1-28为国外电控司钻台安装过程图。

图1-27 国外电控防喷器控制装置　　　　图1-28 国外电控司钻台安装过程

（三）控制装置发展趋势

1. 电磁阀直接控制方向

远程直接控制电磁阀开关，输出开关液，减少中间相关阀件及执行机构过程，进一步提高控制速度、降低中间故障率。

2. 耐腐蚀、高密封性、高耐压方向

满足深井、超深井、海洋钻井等复杂工况需求。

3. 集成控制方向

借助电控型井控装备的推广趋势，将防喷器控制装置的控制与钻机自动化控制相整合，结合钻井大数据采集，形成集成中控的辅助关井操作模式。

4. 自动化方向

通过现场各部位的传感器数据采集、大数据 + 云计算 + 机器人，实现自动开关井。防喷器控制装置的控制模块与自动化钻机的控制模块整合，实现联动关井操作。

5. 远程控制方向

结合工业物联网实现远程监测控制。在钻井现场，通过监控中心、移动 PC 或手机等同时监控多台设备的现场作业。可远程通过监控中心或移动 PC、手机实现异常情况的紧急控制。

6. 远程技术指导方向

借助数字化、物联网化，利用传感器采集控制装置的运行参数，实现现场设备的远程监测。建设 RTOC 远程监控中心，借助专家系统，远程实现设备故障诊断、维修维护提醒、控制程序调试等功能，借助 AR 数字孪生技术，实现对现场设备维护维修人员的远程指导。

7. 绿色环保方向

应用可降解、无污染的工作介质取代液压油将是未来发展方向。

三、井控管汇国内外发展现状及发展趋势

（一）国内节流压井管汇发展现状

上海第二石油机械厂在 20 世纪 80 年代设计制造了平衡地层压力的节流压井管汇。经过几十年的发展，目前我国生产的节流压井管汇产品规格多、型号全，管汇节流通道由单通道发展为多通道，控制方式由手动发展为液动、电动、气动和计算机等控制方式，节流阀芯结构多样化，为装备的长期安全稳定运行提供了保障。图 1-29 为节流压井管汇图。

1. 压力等级和通径

随着深井、超深井勘探开发的提速，井控安全要求越来越高，节流压井管汇的压力等级和通径也出现了多样化。表 1-6 为常见节流压井管汇的主要技术参数，图 1-30 为 105MPa 节流压井管汇。

图 1-29　节流压井管汇

表 1-6　节流压井管汇技术参数

技术参数	技术指标
工作压力	14MPa、21MPa、35MPa、70MPa、105MPa、140MPa
工作介质	天然气、各种钻井液
主放喷通径	$3\frac{1}{16} \sim 4\frac{1}{16}$in（78～103mm）
节流管汇旁通径	$2\frac{1}{16} \sim 4\frac{1}{16}$in（52～103mm）
压井管线通径	$2\frac{1}{16} \sim 4\frac{1}{16}$in（52～103mm）
温度级别	$-29 \sim 121℃$
制造规范	API Spec 6A、API Spec 16C、NACE MR 0175

图 1-30　105MPa 节流压井管汇

2. 节流通道

随着对高压、超高压地层的勘探推进，单级系统已不能满足油田生产需要，节流管汇系统节流通道逐渐增大，其中四通道、五通道的结构现场应用最多。多通道节流可显著提高管汇系统使用寿命。目前国内正在研制多级节流管汇系统（图1-31）和带有防刺短节的节流管汇系统（图1-32），以期大幅提升现场节流压井作业的安全可靠性。

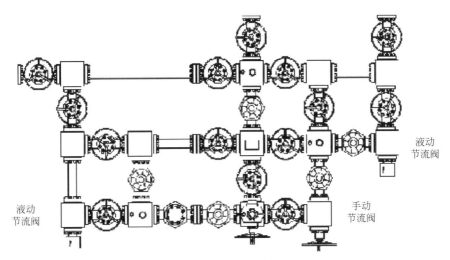

图1-31　多级节流管汇

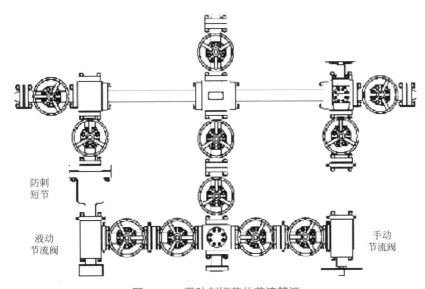

图1-32　带防刺短节的节流管汇

3. 控制方式

目前国内节流压井管汇的控制方式已由手动（图1-33）、液动控制（图1-34）发展为电动（图1-35）、气动和计算机等控制方式，使节流压井管汇控制系统能兼具运行平稳、响应迅速、安全可控等多种优点。

图1-33　手动节流阀

图1-34　液动节流阀

图1-35　电动节流阀

4.节流阀阀芯

阀芯结构的改进和优化是实现精细控压的前提，目前国内节流阀阀芯结构已发展为针形（图1-36）、筒形、孔板、旋塞、笼套式（图1-37）和楔形等不同结构形式。优选不同形式的阀芯结构可以提高节流阀耐冲蚀性，降低阀芯振动，提高节流效果。

图1-36　针形节流阀

图1-37　笼套式节流阀

（二）国外节流压井管汇发展现状

国外对节流阀的研究和产品开发也投入了大量的精力，如CAMERON公司将筒形阀板、阀座结构改进为两块圆盘转动孔错位方式，有效地防止了节流阀阀板振动，提高了节流效果，减少了冲蚀磨损（图1-38）。又如EEC和FMC公司嵌装硬质合金套在阀杆上，很好地避免了阀杆振断等问题出现。美国MASCO公司设计了多孔阀板型节流阀（Multi-Orifice Valve，MOV），该节流阀可靠性高、性能好。威德福公司的PRESSUREPRO® SET-POINT节流阀，采用电动驱动，能够实现更灵敏的响应和更精确的开度控制，用户只需输入目标压力值，该阀即可自动调节开度、保持压力，以减少人为干预，其控制精度达 ±34.5kPa；通过与相关控制软件的集成，可实现更丰富的闭环自动控制模式（图 1-39）。

图 1-38　CAMERON 公司产品　　　　图 1-39　威德福公司产品

（三）节流压井管汇发展趋势

优选阀芯材料和改进阀芯结构，来提高节流阀的耐冲蚀性；节流压井管汇压力等级由低压向高压、超高压方向发展；控制方式由传统手动控制向精细化、智能化方向转变；节流形式由传统的单级节流向多级节流、并联节流等形式发展；节流监测功能越来越完善，包括温度、压力监测等。节流检测设备如图 1-40 所示。

图 1-40　节流检测设备

四、内防喷工具国内外发展现状及发展趋势

（一）国内内防喷工具发展现状

国内内防喷工具的研制工作始于 20 世纪 70 年代，历时几十年逐步建立和完善了

研制流程，缩小了与国际先进技术之间的差距，现已形成标准系列化的产品，压力等级达到105MPa，并开发出具有自主知识产权的产品。产品满足国内生产需要，并销往国外（图1-41）。

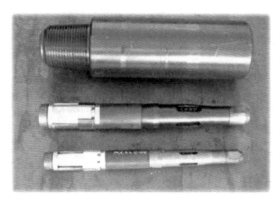

图1-41 内防喷工具

国内成功研制了用于气体钻井的内防喷工具，解决了常规钻井内防喷工具不适合气体钻井的难题。国内生产的气密封旋塞阀（图1-42）、气密封钻具浮阀（图1-43）、气密封箭形止回阀（图1-44）、气密封投入式止回阀、气密封旁通阀，已在部分井上使用，效果良好。

(a) 气密封方钻杆旋塞阀

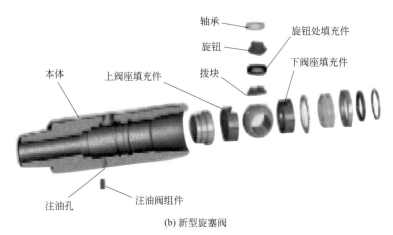

(b) 新型旋塞阀

图1-42 气密封旋塞阀

图 1-43 气密封钻具浮阀

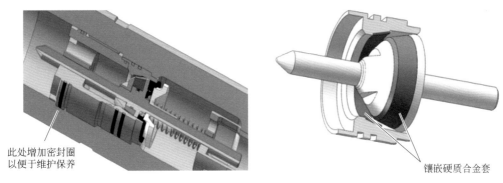

此处增加密封圈
以便于维护保养

镶嵌硬质合金套

图 1-44 气密封箭形止回阀

国内厂家也在不断探索使用新技术、新工艺、新材料，突破技术瓶颈，提高产品质量和使用寿命。

（1）QPQ 处理。

QPQ 是 Quench Polish Quench 的缩写，是将黑色金属零件放入两种性质不同的盐浴中，通过多种元素渗入金属表面形成复合渗层，从而达到使零件表面改性的目的。将 QPQ 技术应用于内防喷工具产品上，极大地提高了其质量和使用寿命。产品经过 QPQ 处理后，耐磨、疲劳强度、抗蚀性有了显著提高。

（2）喷涂 WC。

W 是钨，C 是碳，涂层名称是碳化钨，是金属膜层的一种，具有硬度高、耐磨的效果。在内防喷工具金属对金属密封的表面，喷涂 WC，可有效地提高金属密封件的耐冲蚀性、耐腐蚀性和耐磨性，进一步提高了旋塞阀、箭形止回阀、钻具浮阀的使用寿命。

（3）抗硫化氢合金结构钢。

为适应含硫化氢气体的应用环境，国内厂家与国内钢厂共同研制了具有抗硫化氢功能的合金结构钢。此类钢材经过热处理后，力学性能符合内防喷工具产品标准要求，同时又具备抗硫化氢功能。

（二）国外内防喷工具发展现状

内防喷工具最早由挪威科学家从 20 世纪 80 年代起开始着手研究，经过 40 多年的发展，国外内防喷工具的研究与发展已处于领先水平。

截至目前，国外方钻杆阀的典型结构有 5 种：Bit & Tool 公司的 A-I 侧转式球阀、Omsco 工业总公司的 KV 型蝶阀、Kellcock 公司的 LoTore 型圆柱阀、SMFI 公司的 MVR 型弹簧滑阀、Hydril 公司的 Kellyguard 型球阀。

（三）内防喷工具发展趋势

未来的内防喷工具发展趋势：一是增加使用寿命，降低能耗；二是降低方钻杆旋塞阀扭矩，提高方钻杆旋塞阀强度；三是优选材料，优化处理工艺，研制抗 H_2S 内防喷工具。

五、井控装备质量检验技术发展现状、问题剖析、发展趋势

（一）井控装备质量检验技术发展现状

1. 设计阶段

1）防喷器性能验证试验

中国石油集团川庆钻探工程有限公司安全环保质量监督检测研究院（以下简称川庆安检院）拥有亚洲第一台防喷器试验装置，该装置可满足最大工作压力 105MPa、最大通径 350mm 防喷器的试验要求，加载力为 270tf。该装置为全国 60 余家生产厂家新开发的 180 余台不同防喷器的结构、材料、工艺等提供设计验证，多次发现重大设计、制造缺陷，如闸板轴断裂、胶芯过早失效、壳体非正常疲劳刺漏等，避免了现场试验或使用的风险，为防喷器行业标准的制（修）订提供了科学、真实的试验数据。该技术也获得了中国石油科技进步一等奖，填补国内空白。

目前，540mm、140MPa 新型防喷器试验装置研制成功，该装置往复起下钻速度达 600mm/s，加载力为 600tf，自动化程度更高，可满足 28-140、54-70 等系列国内外新型大通径、高压力等级防喷器的试验要求（图 1-45）。

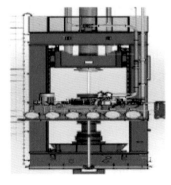

图 1-45　新型防喷器试验装置

2）石油钻采设备整机高低温试验

川庆安检院按照国际标准，国内首家研制成功高低温性能试验装置，可根据 GB/T 20174—2019《石油天然气钻采设备　钻通设备》、GB/T 22513—2013《石油天然气工业　钻井和采油设备　井口装置和采油树》、API 16A、API 6A 等要求，开展防喷器、阀门整机高低温循环试验研究工作，填补了国内空白（图 1-46）。该技术低温环境可达 -70℃，高温介质可达 300℃，可满足 28-140、54-70 等系列国内外新型防喷器的设计温度验证要求。累计完成国内主要防喷器、井口装置、井下工具制造商委托检验产品 100 余台套。

图 1-46　高低温试验装置及场地

3）内防喷工具验证试验技术

川庆安检院研制的内防喷工具试验装置（图 1-47），可满足 GB/T 25429—2019《石油天然气钻采设备　钻具止回阀》、API Spec 7NRV、SY/T 5525—2020《石油天然气钻采设备　旋转钻井设备　上部和下部方钻杆旋塞阀》标准对内防喷工具的性能试验要求，最大静压达 105MPa，最大流量达 60m³/h，工作温度范围为 0 ～ 80℃，可开展钻具止回阀的冲蚀、循环试验，旋塞阀的外压试验，为内防喷工具的研制提供设计验证。目前，已为国内数家生产厂家提供相关检测服务。

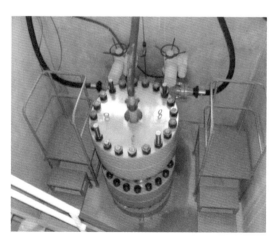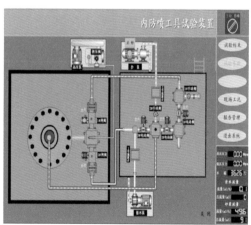

图 1-47　内防喷工具试验装置

2. 制造阶段

目前已实现设备制造质量全过程监造。

（1）防喷器承压及控压零件依据 GB/T 20174—2019《石油天然气钻采设备　钻通设备》的质量控制要求进行拉伸试验、冲击试验、硬度检测、尺寸检验、化学分析、无损检测和功能性检验等。

（2）控制装置依据 SY/T 5053.2—2020《石油天然气钻采设备　钻井井口控制设备及分流设备控制系统》进行出厂检测，蓄能器系统试验，验证蓄能器的卸荷阀不会因以下操作而意外关闭：子原件系统控制面板、泵系统、电源、软管卷筒等子系统应单独进行出厂试验以满足相应规范的要求。

（3）井控管汇依据 SY/T 5323—2016《石油天然气工业　钻井和采油设备　节流和压井设备》的质量控制要求进行驱动器功能试验、节流阀与驱动器总成功能试验、管汇总成的静水压试验等。

（4）内防喷工具依据 SY/T 5525—2020《石油天然气钻采设备　旋转钻井设备　上部和下部方钻杆旋塞阀》（出厂检测）和 GB/T 25429—2019《石油天然气钻采设备　钻具止回阀》（质量控制要求）进行压力试验、外观质量检验、螺纹检验、材料力学性能检验、冲击吸收能量检验和无损检测等。

3. 采购阶段

采购阶段进行准入检验。

（1）开展金属材料化学成分、显微硬度及表面硬度（布氏、洛氏、维氏、肖氏硬度）检测。

（2）拉、弯、压、冲及落锤试验等常规理化检验（图1-48）。

（3）金相检验、残余应力测定、硫化氢应力腐蚀及氢致开裂等检测。

（4）开展产品气密封检测。根据使用工况的不同，增加气密封检测（图1-49）。

图 1-48　常规理化性能检测仪器

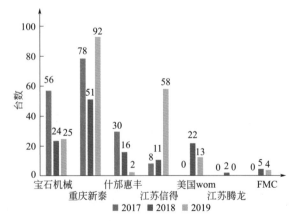

图 1-49　气密封检测台数统计图

4. 使用阶段

使用阶段采用声发射、相控阵、表面检测等技术，对防喷器进行无损检测，解决了防喷器动态缺陷、静态缺陷的检测问题，防喷器本体关键部位缺陷检测灵敏度达 2.0mm（图 1-50）。

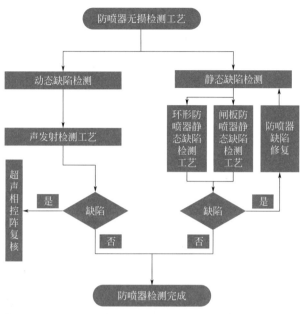

图 1-50 在用防喷器质量检测工艺流程

1）防喷器动态埋藏缺陷检测技术——声发射检测技术

采用声发射检测技术可以对防喷器动态埋藏缺陷进行检测，根据检测中产生的声发射信号强度和活性等级，将防喷器进行分级（图 1-51）。

图 1-51 利用声发射检测技术开展防喷器动态埋藏缺陷检测

2）防喷器静态埋藏缺陷检测技术——磁记忆检测技术

利用金属磁记忆检测技术来检测防喷器壳体关键部位的应力集中，能够对防喷器内部应力集中区的微观缺陷、早期失效及损伤等进行快速诊断（图 1-52）。

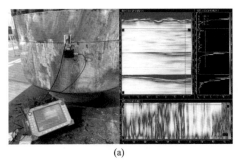
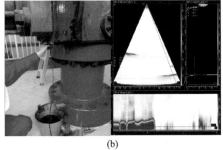

(a)   (b)

图 1-52　磁记忆检测技术

3）防喷器静态埋藏缺陷检测技术——相控阵检测技术

利用防喷器静态埋藏缺陷超声相控阵专项检测技术及工艺，经过超声相控阵专项检测应用试验，能够有效涵盖防喷器内部关键部位（图 1-53）。

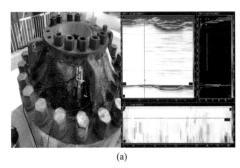
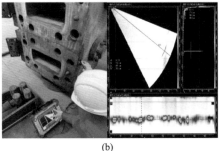

(a)   (b)

图 1-53　相控阵检测技术

4）井控装备维修及再制造后检验技术

所有承压焊缝、修理和堆焊焊缝以及修理组焊应在所有焊接、焊后热处理以及机械加工完成后 100% 用磁粉或渗透的方法进行检查。

所有承压焊缝应在所有焊接、焊后热处理后 100% 进行射线探伤、超声波探伤或声发射探伤检查（图 1-54、图 1-55）。

图 1-54　探伤检查　　　　　图 1-55　防喷器待修复的密封面

5）井控装备检测后的判废评价

（1）使用中壳体非密封部位发生刺漏，且无法再制造时。

（2）被大火烧过而导致变形或承压件材料硬度异常时。

（3）承压件结构形状出现明显变形时。

（4）承压件本体或密封垫环槽出现被流体刺坏、深度腐蚀及裂纹等情况，且无法再制造时。

（5）主通径孔在任一半径方向上磨损量超过 5mm，且无法再制造时。

（6）承压件本体产生穿透性裂纹时。

（7）承压件法兰连接的螺纹孔，有两个或两个以上严重损伤，且无法再制造。

（二）井控装备质量检验问题剖析

根据现状来看，国内井控装备质量检验智能化水平还亟待提高，相关标准体系的完整性与适用性不够，缺乏自动化的数据采集手段，数据孤岛现象明显，信息化数据库和平台建设力度不够，难以实现井控装置全生命周期管理和智能预防性维护。

（三）井控装备质量检验技术发展趋势

井控装备质量检验技术发展趋势可总结为以下"四化"。

1. 标准化

（1）研究井控装备判废及分级使用技术条件，形成井控装备判废行业标准。

目前国内井控装备还未完善分类分级判废标准或管理办法，相对单一地使用年限和缺陷指标判废不足以形成科学实用的判废技术体系，可能会出现应判废未判废或单纯依据使用年限进行判废造成不必要的资源浪费。国外也仅有井控装备维修和再制造标准，无判废标准。因此，急需开展井控装备判废关键指标研究，形成适用于国内的井控装备判废标准。

以 API Spec 16A《钻通设备规范》和 API Spec 16AR《钻通设备维修和再制造标准》作为判断依据，对防喷器缺陷修复过后性能进行评定，如不满足相关要求时，则停用。以下表 1-7 是国内外防喷器判废时间对比表。

表 1-7　国内外防喷器判废时间对比表

中国石油天然气集团有限公司井控装备判废管理规定	国内某石油企业标准曾经规定	国内某石化企业标准规定	SY/T 6160—2019《防喷器检验、修理和再制造》	API Spec 16A《钻通设备规范》	API Spec 16AR《钻通设备维修和再制造标准》
16 年（防喷器）	15 年	500 次承压（防喷器）	无	无	无

石油工业井控装置质量监督检验中心创新提出否决性指标与安全分级评定相结合的防

喷器判废模式，建立基于多因素（包含设计、制造、安装、使用、检验等过程的影响因素及重要度）的防喷器安全分级评定方法和分级使用规则（图1-56），制定《井控装备定期检验与分级评定技术规范》。

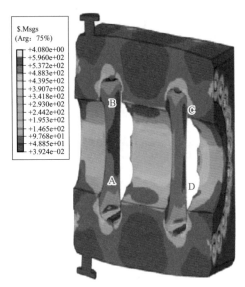

图 1-56　建立防喷器安全分级评定方法和分级使用规则

（2）研究非金属密封件抗 H_2S、CO_2 能力及试验评价方法，制定防喷器胶芯等密封件的质量评价、控制和验收规范。

研究防喷器胶芯材料在不同浓度（H_2S、CO_2 等酸性腐蚀环境）、压力、温度条件下的性能变化及规律（图1-57），探明材料失效机理，建立快速老化实验模拟方法和质量检测控制标准，制定防喷器胶芯质量评价、控制和验收相关规范。

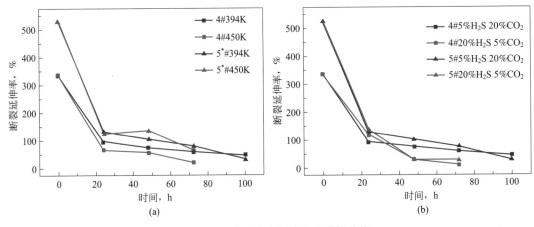

图 1-57　温度及浓度加速老化模拟曲线

（3）研究零井压、带压、悬重工况下各类剪切闸板剪切能力，形成剪切闸板剪切能力评价及匹配推荐做法。

针对各类防喷器剪切闸板，开展零井压、带压、悬重剪切性能研究，得到剪切闸板—钻杆/油管/筛管剪切能力对照表，建立剪切闸板剪切能力评价方法，提出不同工况下防喷器及闸板匹配推荐做法，制定剪切闸板剪切能力评价相关标准。表1-8是剪切闸板-钻杆剪切能力对照表，剪切闸板剪断钻杆前后及断口图如图1-58所示。

表 1-8　剪切闸板-钻杆剪切能力对照表

防喷器型号（剪切闸板）		35-70				35-105			
钻杆	规格，in	5	5	5½	5½	5	5	5½	5½
	厚度，mm	9.19	12.70	9.17	10.54	9.19	12.70	9.17	10.54
	钢级	S	S	S	S	S	S	S	S
油压，MPa									
剪切力，kN									
剪切时间，s									

注：油压、剪切力和剪切时间参数因不同厂家提供的数据不尽相同，另涉及厂家技术数据保密等原因，暂未提供。

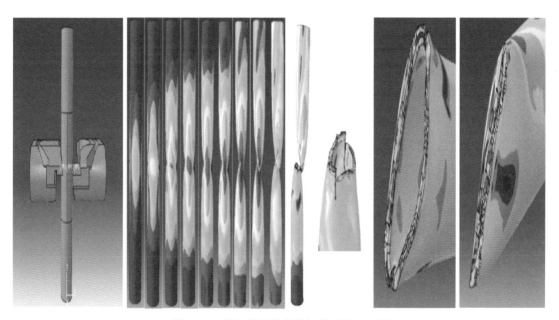

图 1-58　剪切闸板剪断钻杆前后及断口图

（4）研究井控装置自动化检测技术及监测技术，形成井控装置检测技术标准。

根据建立的防喷器静态缺陷和动态缺陷检测方法、评定准则、检测工艺，制定在用防喷器检测评价相关标准环形防喷器和闸板防喷器的静态缺隐检测工艺图如图1-59和图1-60所示。防喷器静态缺陷检测试验如图1-61所示。

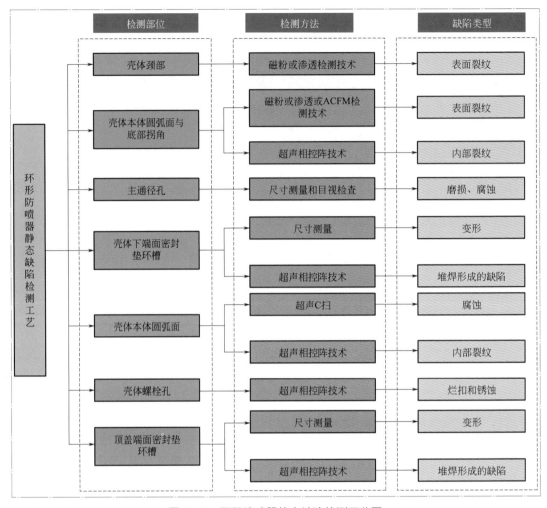

图 1-59　环形防喷器静态缺陷检测工艺图

（5）研究电控液控制系统检测技术，完善 API 16D 控制系统技术标准。

电控控制装置与传统的气控控制装置相比，具有传输速度快、可靠性高、能够实时同步显示、远程控制台转阀位置等优势。API 16D 中对电缆、程序和数据记录等没有具体规定，缺少相应的设计准则，不具备实施性。因此，应在 API 16D 的基础上增加电控液型地面防喷器控制系统的电气元件防爆性能、控制精度、采集精度、采集频率、控制响应时间、动作一致性、安全性能（绝缘电阻、接地电阻）、环境适应性、数据存储、电缆耐火要求等规定，完善 API 16D 控制系统技术标准。

2. 自动化

当前国内井控应急救援设备能力需进一步提升，其中井控装备密封性能不能完全满足极端环境作业需要，无法进行在线检测和密封失效的早期发现，需从安装、使用、应急抢险等环节来解决井控装备泄漏的早发现和早预防问题，发展的关键技术为自动化检测和远程监测。

（1）井控装置泄漏预防自动化配套技术，解决防喷器密封性在线检测问题。着力发展紧固件、密封件的在线自动化检测技术，从安装环节预防密封性能失效（图 1-62、图 1-63、图 1-64、图 1-65）。

图 1-60 闸板防喷器静态缺陷检测工艺图

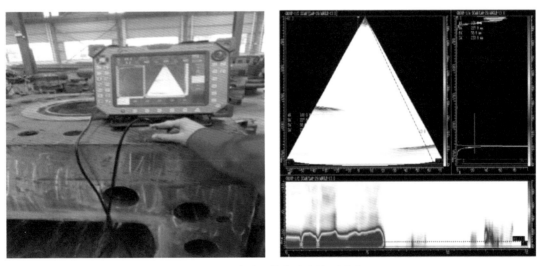

图 1-61 防喷器静态缺陷检测试验

有 2 个关键技术：关键技术 1——防喷器紧固件在线检测技术；关键技术 2——金属密封件密封性能在线检测技术。

图1-62 磁记忆测螺栓应力分布

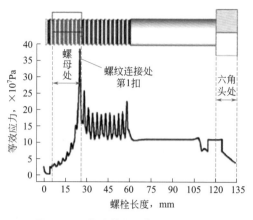

图1-63 拉伸载荷下螺栓应力分布

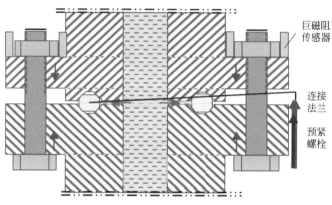

图1-64 金属密封状态磁测原理

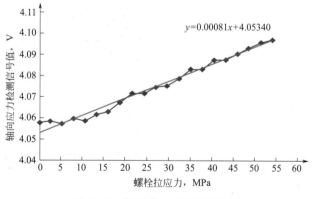

图1-65 螺栓应力-磁信号关系

（2）井控装置泄漏预防配套技术，解决防喷器组现场安装自动化监测问题。为保障防喷器组现场安装精确找正、对中，着力开展多参数防喷器组安装调试方法研究、防喷器组吊装工艺研究，采用自动化手段完善防喷器现场安装问题，制修订钻井井控装置组合配套、安装调试与维护标准，避免因安装不对中造成防喷器主通径密封失效和偏磨，从安装环节预防井控装置泄漏。图1-66为激光对中在法兰连接中的应用。

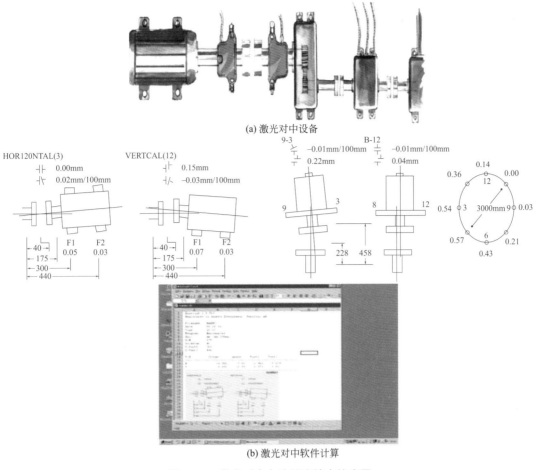

(a) 激光对中设备

(b) 激光对中软件计算

图 1-66 激光对中在法兰连接中的应用

（3）井控装置泄漏预防配套技术，解决井控管汇现场自动化监测与泄漏预警问题。着力发展井控管汇的在线远程监测技术，从使用环节解决井控管汇泄漏预警问题（图 1-67、图 1-68、图 1-69）。

有 2 个关键技术：关键技术 1——多通道干耦合压电传感腐蚀监测技术；关键技术 2——井控管汇泄漏预警技术。

图 1-67 管线自动化监测系统

图 1-68 井口自动化监测系统

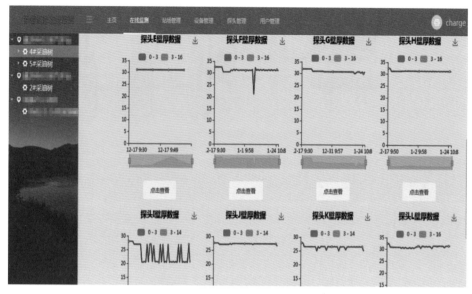

图 1-69　远程数据监测预警平台

（4）井控装置黑匣子技术（图 1-70），解决三级井控过程中剪切闸板状态自动监测问题。着力研制高温、高压、高速冲击、腐蚀工况下的特种监测传感器，研究井控装置设备状态监测数据、视频监控数据、控制系统数据等的实时采集存储系统，从应急抢险环节解决闸板关闭过程状态监测和数据记录问题。

有 2 个关键技术：关键技术 1——剪切闸板状态自动化监测特种传感器技术；关键技术 2——井控装置数据实时采集存储技术。

图 1-70　井控装置黑匣子技术

（5）井控装备一体化检测系统，解决井控装备检测技术体系问题。不断完善材料分析和型式试验平台，集成型式试验技术和自动化无损检测及监测技术，引入故障诊断和可靠性分析方法，形成针对防喷器、控制系统、节流压井管汇、钻井四通以及试压系统的一体化检测评估系统，实现井控装置在设计、使用阶段的安全状态评估。

有 6 个关键技术：关键技术 1——井控装备带压、悬重剪切试验平台；关键技术 2——井控管汇模拟冲蚀试验平台；关键技术 3——非金属密封件试验平台；关键技术 4——腐蚀失效分析及材料适应性评价试验平台；关键技术5——电控液系统可靠性评估技术；关键技术6——检验检测自动化辅助工具。

3. 数据化

数据是智能化应用的基础，应着重开展井控装备设计、制造、使用、检验、维护、判废各环节的数据治理及标准化工作，加快大数据库建设，解决各数据资产方的数据融合共享问题；加快机理模型和数据驱动模型建立，解决数据分析及利用问题（图1-71）。

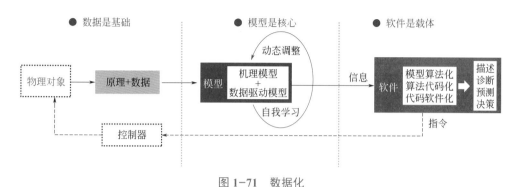

图 1-71 数据化

4. 信息化

1）全生命周期管理平台

建立数据采集终端和信息化系统交互的物联网构架，开发基于一体化平台的井控装置全生命周期管理信息系统（图1-72），实现出入库验收、现场使用、返厂维修换件、库内试压、第三方检查、存储到报废的全流程信息化管理，实现各级管理层对井控装备的技术状况、运转动态、现场试压数据的掌握和实时监督，极大提高井控装备管理水平（图1-73）。

图 1-72 井控装置全生命周期管理信息系统

图 1-73 井控装备信息化管理界面

2）井控装置预防性维护

发展数字孪生技术，搭建井控装置"检测云"，实现井控装置的数字孪生体与物理实体同步交互，依托现场数据采集与数字孪生体分析，实现井控装置状态监测、故障复现与诊断、危害状态评估、寿命预测、预防性维护决策等功能。

第二章

防喷器的检维修操作

第一节　环形防喷器的检维修操作

环形防喷器，俗称多效能防喷器、万能防喷器或球形防喷器。它具有承压高、密封可靠、操作方便、开关迅速等优点，特别适用于密封各种形状和不同尺寸的管柱，也可全封闭井口。

环形防喷器主要有球形胶芯（D型）和锥形胶芯（A型）密封两种结构（图2-1、图2-2）。

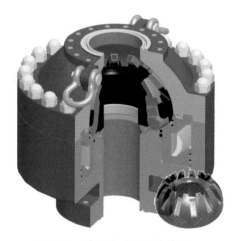

图2-1　球形胶芯环形防喷器

图2-2　锥形胶芯环形防喷器

环形防喷器由壳体、顶盖、活塞、防尘圈、胶芯、外体部套筒等主要部件组成（图2-3）。零件数量少，使得防喷器更加可靠和易于维修，顶盖与壳体采用螺栓连接或爪盘连接，在现场拆卸方便。

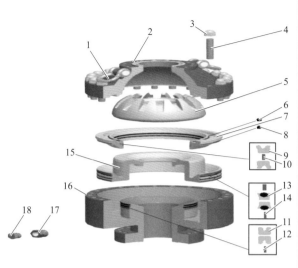

序号	件号	名　称	数量
1	美标G2150	D型卸扣$1\frac{1}{2}$in	4
2	F35.02A	顶盖	1
3	F35.04	盖形螺母M58X3	24
4	F35.03	双头螺栓M58X3X338	24
5	F35.11.00	球形胶芯	1
6	F751A.13.03	防尘圈顶部O形圈854×8.6mm	1
7	F35.31	防尘圈	1
8	F35.13	防尘圈下部O形圈1061×8.6mm	1
9	F35.14A	防尘圈内密封圈	2
10	F35.32	防尘圈用耐磨带	1
11	RS11 186.08	壳体用密封圈	2
12	F35.33	壳体用耐磨带	1
13	F35.19.00	活塞用密封圈	2
14	F35.35	活塞用密封带	2
15	F35.34	活塞	1
16	F35.36	壳体	1
17	RS11705.46	转换接头NPT1in-NPT $1\frac{1}{2}$in	2
18	F9301.29	丝堵NPT1in	2

图2-3　华北荣盛FH35-35环形防喷器结构图

一、环形防喷器（D型）的拆卸和组装

（一）拆卸

1.胶芯的更换

（1）卸掉顶盖与壳体的连接螺母。

（2）吊起顶盖。

（3）在胶芯上拧入吊环螺钉、吊出胶芯（图2-4）。若井口有钻具时，应先用割胶刀（借助撬杠，用肥皂水润滑口刃）将新胶芯割开，割面要平整。同样将旧胶芯割开，吊出，换上割开的新胶芯（图2-5）。

图2-4　吊出胶芯

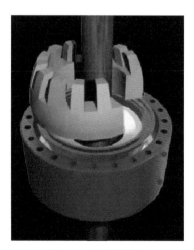

图2-5　切割胶芯

注意：若井内有钻具需要更换胶芯时，必须确认钻具已经被闸板防喷器可靠密封或井内无压力（井内无产生压力的趋势）后，方可采用切割胶芯的方法更换胶芯。

2. 支持圈与活塞的拆卸

（1）卸掉壳体上进、出油口（图 2-6）上的丝堵（或管线），然后拆掉顶盖、胶芯（步骤同上文），在支持圈内拧入吊环螺钉，平稳吊出支持圈（图 2-7）。

（2）在活塞内拧入吊环螺钉，将活塞平稳吊出（图 2-8）。

注意：（1）在拆卸支持圈和活塞前，需要把壳体上进、出油口上的丝堵（图 2-9）卸掉或通过按压进、出油口连接自封活接头上的顶针排尽腔内残余空气。

图 2-6　进、出油口

图 2-7　拆卸胶芯

图 2-8　吊出支持圈和活塞

图 2-9　进出油口丝堵

（2）在遇到支持圈或活塞因锈蚀严重或其他原因很难取出时，尝试通过自制悠锤（图2-10）撞击卡点处，然后多次起吊活动的办法，将支撑圈或活塞平稳吊出。

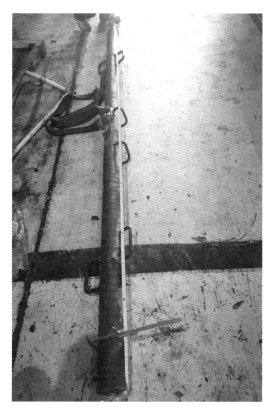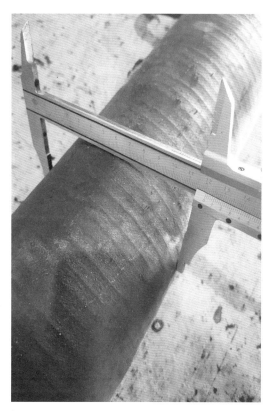

图 2-10　悠锤

（二）装配

（1）检查支持圈、活塞和壳体上的耐磨圈，若有损坏或严重磨损，则应进行修理，重新粘贴加工。

（2）检查支持圈、活塞和壳体上的密封圈，若有损坏、老化应进行更换。

（3）用机械油润滑壳体内表面、活塞及支持圈表面。

（4）将活塞吊装入壳体。

（5）将支持圈装入壳体。

（6）用防水润滑脂润滑顶盖内表面及活塞支撑面，连接螺栓涂螺纹油。

（7）将胶芯装于活塞顶部。

（8）将顶盖装入。

（9）将顶盖与壳体连接螺栓拧紧。

（10）壳体上的进、出油口用丝堵堵上，防止脏物进入。

图2-11至图2-16是装配过程中部分操作展示。

图 2-11　活塞打磨除锈

图 2-12　顶盖除锈

图 2-13　活塞装入壳体

图 2-14　支持圈装入壳体

图 2-15 缸盖清理待装配

图 2-16 胶芯装入活塞顶部

二、环形防喷器（A 型）的拆卸和组装

下面重点介绍 FHZ54-14 锥形环形防喷器，A1 型结构（图 2-17）。零件拆解图如图 2-18 所示。

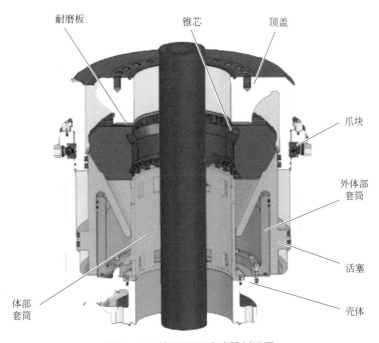

图 2-17 锥形环形防喷器剖视图

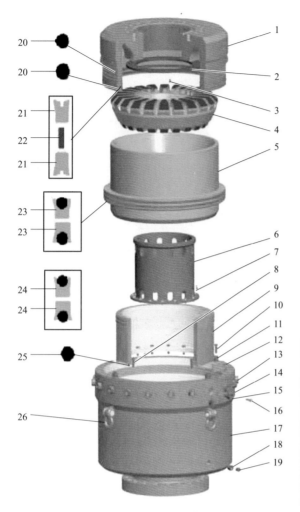

序号	零件编号	名　称	数量
1	FH5414.34	顶盖	1
2	FH5414.05	防磨板	1
3	GB/T 70.1	螺钉 M12×25-A2-70	6
4	FH5414.06	锥形胶芯	1
5	FH5414.19	活塞	1
6	FH5414.22	体部套筒	1
7	GB/T 5782	螺栓 M12×35-A2-70	16
8	GB/T 5782	螺栓 M20×75-A2-70	16
9	FH5414.20	外体部套筒	1
10	FH5414.08	调节螺钉	4
11	FH5414.09	顶盖夹头	4
12	FH5414.11	爪盘	20
13	FH5414.31	O 形密封圈 53×5	20
14	FH5414.12	爪盘螺钉	20
15	GB/T 3452.1	O 形密封圈 25×2.65	20
16	FH5414.13	爪盘支护螺钉	20
17	FH5414.17	壳体	1
18	RS11705.46A	转换接头 NPT1-R1½	2
19	F9301.29	丝堵 NPT1	2
20	FH5414.15	O 形密封圈 1199×7	2
21	FH5414.14	顶盖内密封圈	2
22	FH5414.35	耐磨圈	2
23	FH5414.21	活塞用密封圈	2 套
24	FH5414.18	外体部套筒密封圈	2 套
25	FH5414.23	O 形密封圈 900×10	1
26	美标 G2150	D 形卸扣 1½in	4

图 2-18　华北荣盛 FHZ54-14 锥形环形防喷器零件拆解图

（一）拆卸主体

（1）拧紧爪盘支护螺钉，然后松开爪盘螺钉四圈，将爪盘退出顶盖，进入壳环槽中，卸掉壳体上进出打开腔及关闭腔油口上的丝堵或管线。

（2）取下调节螺钉及顶盖夹头。

（3）平稳地吊出顶盖。

（4）在胶芯上拧入吊环螺钉，吊出胶芯。

（5）在活塞上拧入吊环螺钉，平稳吊出活塞。

（6）将外体部套筒、体部套筒与壳体的连接螺栓、拧下，吊出外体部套筒及体部套筒。

（7）拆除各部位密封圈。

（8）卸掉爪盘支护螺钉，然后卸掉爪盘螺钉，从壳体内取出爪盘。

图 2-19 至图 2-26 是拆卸过程中部分操作展示。

图 2-19　旋拧爪盘螺钉和爪盘支护螺钉

图 2-20　爪盘和顶盖环槽互相配合

图 2-21　吊出顶盖

图 2-22　吊出胶芯

图 2-23　清理活塞

图 2-24　清理体部套筒

图 2-25　吊出活塞

图 2-26　吊出体部套筒

（二）拆卸锥形环形防喷器上盖

（1）将爪盘退出顶盖，进入壳体环槽中。

① 取出爪盘螺钉密封 O 形圈。放松爪盘支护螺钉（内部小的螺钉）半圈，试紧一下爪盘螺钉（外面大的螺钉）至到位（正常情况下都是已经紧到位的，这样做目的是确认爪盘螺钉确实起作用，爪盘是不活动的），然后卸下支护螺钉，取下 O 形圈，在螺钉上稍涂一点润滑油（尤其是螺钉根部），再装回爪盘螺钉内。

② 拧紧支护螺钉，用记号笔在爪盘螺钉和支护螺钉上做标记。

③ 将支护螺钉旋松半圈。

④ 用锤击扳手逆时针卸大螺钉，约 $6\frac{2}{3}$ 圈至旋转不动为止，将爪盘完全退回壳体中。记录圈数。

参考：荣盛 FH54-35 是 $6\frac{2}{3}$ 圈；FHZ54-14 是 4 圈；FHZ43-35 是 5 圈；FHZ35-70/105 是 $6\frac{2}{3}$ 圈；FHZ28-70 是 $5\frac{1}{3}$ 圈。

（2）取下调节螺钉及顶盖夹头，平稳地吊出顶盖。使用标准四角绳套，用同型号卸扣挂接在顶盖吊点上，调整好吊钩使之位于顶盖中心轴线上，慢慢加载，可以用大锤震击顶盖，确保不偏斜吊出。图 2-27 为锥形缸盖和壳体连接剖视图。

注意：卸大螺钉时，一人配合使用内六方扳手，控制小螺钉，防止其相对封井器旋动。因爪盘支护螺钉较细，螺纹易损坏，按此方法，能最大限度保护爪盘支护螺钉螺纹。如果爪盘内螺纹损坏，会大大增加处理难度（图 2-28）。

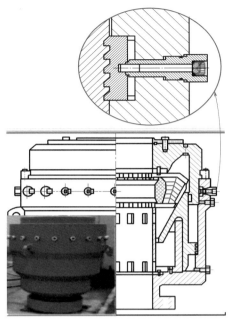

图 2-27 锥形缸盖和壳体连接剖视图

图 2-28 爪盘螺钉（下）和爪盘支护螺钉（上）

（三）拆卸后的检查及修复

（1）检查壳体密封面、活塞密封面、外体部套筒密封面、顶盖密封面。各密封表面产生纵向拉伤深痕时，即使更换新的密封圈也不能防止漏油，应找出拉伤原因并修复，如果伤痕是很浅的线状摩擦伤痕或点状伤痕，可用极细的砂纸和油石修复（图 2-29）。

（2）检查密封件。检查唇形密封圈的唇边有无磨损情况，检查 O 形密封圈、鼓形密封圈有无挤出切伤，检查锥形胶芯有无严重掉胶开裂等，当发现密封件有损坏或伤痕时，要予以更换（图 2-30）。

图 2-29 检查顶盖密封面

图 2-30 检查胶芯

（3）检查各部位螺纹。如有螺纹损伤、腐蚀严重应修复或予以更换（图2-31、图2-32）。

图2-31　检查爪盘支护螺钉外观及螺纹修复

图2-32　检查爪盘外观及螺纹

（四）装配

（1）检查各零部件有无损坏、磕碰拉伤等，若有则修复或更换。

（2）用机械油润滑壳体内表面、活塞、外体部套筒、体部套筒及爪盘涂润滑脂；安装各部位密封件。

（3）将爪盘螺钉拧在壳体上，使其端面刚到壳体环槽底，但不露出。

（4）将爪盘放入壳体环槽内，并用爪盘支护螺钉固定。

（5）将外体部套筒、体部套筒装入壳体内，拧紧连接螺栓（图2-33）。

（6）将活塞平稳装入壳体内（图2-34）。

图2-33　体部套筒装入壳体

图2-34　活塞装入壳体

（7）将胶芯装入，胶芯表面涂敷复合铝基润滑脂或钻杆密封脂（图2-35）。

（8）将顶盖装入，顶盖内面涂敷复合铝基润滑脂或钻杆密封脂（图2-36）。

（9）用调节螺钉及顶盖夹头压下顶盖。

（10）松开爪盘支护螺钉，将爪盘螺钉拧紧。

（11）将爪盘支护螺钉拧紧，然后再将其松开一圈（图2-37）。

（12）将壳体上的进出油口用丝堵堵上，防止异物进入。

图2-35 胶芯装入壳体

图2-36 缸盖和壳体连接

图2-37 爪盘支护螺钉、爪盘螺钉组合

（五）胶芯的更换

当环形防喷器只需更换胶芯时，可进行以下操作：按照"（一）拆卸主体"步骤（1）～（4）操作，然后换上新胶芯。若井内有钻具，应先用锋利的割胶刀（借助撬杠，用肥皂水润滑刀刃，不能使用锯条或其他钝的切割工具）将新胶芯从一侧任意两个支撑筋之间割开（图2-38），割面要平整。同样，将旧胶芯割开，吊出，换上割开的新胶芯（图2-39）。然后按照"（四）装配"中的步骤（9）～（12）操作即可。

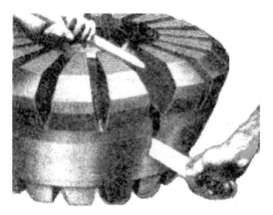

图2-38　切割胶芯

图2-39　更换新胶芯

注意：若井内有钻具需要更换胶芯时，必须确认钻具已经被闸板防喷器可靠密封、井内无压力（或井内无产生压力的趋势）后，方可采用切割胶芯的方法更换胶芯。

第二节　闸板防喷器的检维修操作

闸板防喷器是井口防喷器组的重要组成部分，利用液压推动闸板即可封闭或打开井口。闸板防喷器的种类很多，根据所能配置的闸板数量可分为单闸板防喷器、双闸板防喷器、三闸板防喷器、四闸板防喷器（图2-40至图2-43）；按闸板开关方式可分为液压闸板防喷器和手动闸板防喷器；按锁紧方式可分为手动锁紧闸板防喷器和液压锁紧闸板防喷器（图2-44、图2-45）；按侧门开关方式不同可分为旋转式侧门闸板防喷器和直线运动式侧门闸板防喷器；按有无侧门螺栓还可分为有侧门螺栓防喷器和无侧门螺栓防喷器等（图2-46）。

图2-40　单闸板防喷器

图2-41　双闸板防喷器

图 2-42 三闸板防喷器

图 2-43 四闸板防喷器

图 2-44 手动锁紧闸板防喷器

图 2-45 液压锁紧闸板防喷器

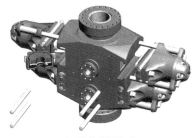

(a) 国外某厂生产

(b) 国内某厂生产

图 2-46 无侧门螺栓闸板防喷器

一、常见闸板防喷器的重要部件简介

(一) 闸板类型

1. 悬重闸板

闸板悬重能力与闸板规格、闸板孔位置、是否淬火、液缸大小均有关系。对于华北荣盛生产的防喷器，一般情况下，通径不小于280mm，规格为 $2\frac{7}{8}$ ～ $6\frac{5}{8}$ in 的管柱闸板均具备悬挂功能，其他管柱闸板悬挂能力参见生产厂家说明书。FZ35-70FS（锻件剪切）闸板具体悬挂能力与闸板规格见表2-1。

表2-1 FZ35-70FS闸板规格与闸板承重对照表

闸板规格，in		液压关闭（10.5MPa）	仅手动锁紧
$3\frac{1}{2}$		170t	130t
4		180t	130t
$4\frac{1}{2}$		186t	135t
5		210t	167t
$5\frac{1}{2}$		230t	167t
$5\frac{7}{8}$		200t	120t
$6\frac{5}{8}$		230	120t
$2\frac{7}{8}$ ～ 5	$2\frac{7}{8}$	N/A	N/A
	5	200t	120t
$3\frac{1}{2}$ ～ $5\frac{1}{2}$	$3\frac{1}{2}$	N/A	N/A
	$5\frac{1}{2}$	200t	120t

图2-47为闸板承重试验装置，图2-48为钻具悬挂闸板。

图2-47 闸板承重试验装置

图2-48 钻具悬挂闸板

2. 变径闸板

变径闸板可适用于几个不同尺寸的钻具，特别适用于组合钻具及六角形方钻杆。表2-2是华北荣盛生产的变径闸板规格与通径、压力对照表。

表 2-2　变径闸板规格与通径、压力对照表

通径，in	压力，psi	变径闸板规格，in
$7\frac{1}{16}$	3000，5000，10000	$2\frac{3}{8} \sim 2\frac{7}{8}$，$2\frac{7}{8} \sim 3\frac{1}{2}$
9	3000，5000，10000	$2\frac{3}{8} \sim 2\frac{7}{8}$，$2\frac{7}{8} \sim 3\frac{1}{2}$，$5 \sim 5\frac{1}{2}$
11	3000，5000，10000	$2\frac{3}{8} \sim 3\frac{1}{2}$，$2\frac{3}{8} \sim 4\frac{1}{2}$，$2\frac{7}{8} \sim 5$，$3\frac{1}{2} \sim 5\frac{1}{2}$，$5 \sim 5\frac{1}{2}$
	15000	$2\frac{7}{8} \sim 5$，$3\frac{1}{2} \sim 5\frac{1}{2}$，$3\frac{1}{2} \sim 5\frac{7}{8}$，$5 \sim 5\frac{1}{2}$
$13\frac{5}{8}$	3000，5000，10000	$5 \sim 5\frac{1}{2}$，$2\frac{7}{8} \sim 5$，$2\frac{3}{8} \sim 5$，$3\frac{1}{2} \sim 5\frac{1}{2}$，$3\frac{1}{2} \sim 5\frac{7}{8}$，$4\frac{1}{2} \sim 7$
	15000	$5 \sim 5\frac{1}{2}$，$2\frac{7}{8} \sim 5$，$3\frac{1}{2} \sim 5\frac{1}{2}$，$5 \sim 7$
$16\frac{3}{4}$	3000，5000	$2\frac{7}{8} \sim 5$，$3\frac{1}{2} \sim 5\frac{1}{2}$，$3\frac{1}{2} \sim 7$
$18\frac{3}{4}$	5000，10000，15000	$2\frac{7}{8} \sim 5$，$3\frac{1}{2} \sim 5\frac{1}{2}$，$3\frac{1}{2} \sim 7$
$20\frac{3}{4}$	3，000	$3\frac{1}{2} \sim 5\frac{7}{8}$，$4\frac{1}{2} \sim 7$
$21\frac{1}{4}$	2000，5000	$3\frac{1}{2} \sim 5\frac{7}{8}$，$4\frac{1}{2} \sim 7$
$26\frac{3}{4}$	2000，3000	$3\frac{1}{2} \sim 5\frac{7}{8}$，$4\frac{1}{2} \sim 7$

变径闸板密封机理的关键要素有：骨架的作用（图 2-49、图 2-50）和橡胶的流动。

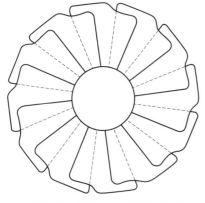

图 2-49　密封小钻杆的骨架位置　　　　　图 2-50　密封大钻杆的骨架位置

常见的变径闸板外观形状如图 2-51 和图 2-52 所示。

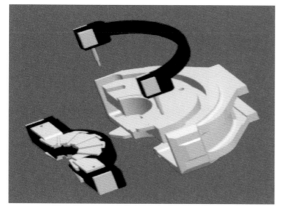

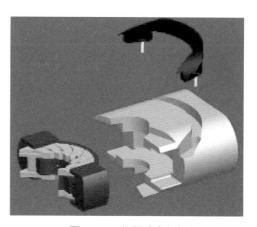

图 2-51　矩形腔变径闸板　　　　　　　　图 2-52　长圆腔变径闸板

变径闸板密封时的状态如图 2-53 所示。

图 2-53　变径闸板密封演示

3.剪切闸板

剪切闸板装配在防喷器中使用，当在钻修等作业过程遇到紧急情况时，关闭剪切闸板可切断井内管柱，强行封井。剪切闸板需要关注 4 个要点：一是剪切刀的抗硫化性能；二是剪切闸板的承压方向；三是剪切闸板的密封可靠性（对比全封闸板）；四是剪切闸板的日常检查（外观、无损探伤）。

1）剪切闸板的类型

按照剪切闸板的结构形式分整体式剪切闸板和分体式剪切闸板。

（1）整体式剪切闸板。

整体式剪切闸板即闸板本体和刀体为一个整体，不需要另外进行装配，结构简单（图 2-54），双 V 刀，刀体部位局部淬火处理。具体关于剪切闸板的使用参见厂家说明书。

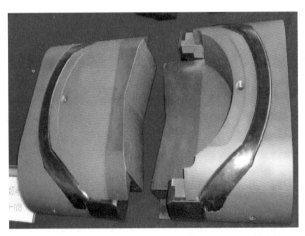

图 2-54　整体式剪切闸板

（2）分体式剪切闸板。

采用分体结构，刀体损坏后易于更换。剪切闸板不具有抗硫化氢功能，在有硫化氢的环境下慎用（图 2-55）。

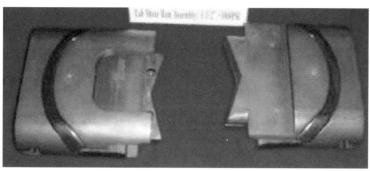

图 2-55　分体式剪切闸板

以下系列防喷器可配备分体式剪切闸板：

FZ28-35FS、FZ28-105、FZ35-35FS、FZ35-70FS、FZ35-105FZ54-35FS、FZ54-70FS、FZ48-105、FZ53-21FS、FZ54-14FS（注：F- 锻造结构，FS- 锻造结构且具有剪切功能）。

双 V 刀剪切闸板剪切能力与防喷器的规格、剪切液缸的直径、被剪管柱的级别等因素有关（表 2-3）；同时配置增力缸，可提高剪切能力（图 2-56）。

表 2-3　剪切闸板型号与剪切参数对照表

规格	剪切液缸	管柱级别	剪切压力，MPa
18-35	ϕ250	3½in E75 9.35mm	≥ 15
18-70			
28-21	ϕ300	5in G105 9.19mm	≥ 14
28-35			
28-70	ϕ340	5½in S135 9.17mm	≥ 18
35-35			
35-70			
53-21			
54-14			
54-35			

图 2-56　剪切增力缸实物图

2）剪切闸板的使用管理

（1）剪切闸板试验要求。

① 应对每副剪切闸板建立产品使用档案，详细记录使用和检查情况。

② 剪切闸板的有效使用寿命一般为剪切作业 3 次。产品出厂前试验一次，实际使用两次。在井上实际使用后一般应报废不再使用，更换新的闸板。如果 3 次剪切作业后检查结果满足表面无损探伤的要求，则允许继续使用，但增加的剪切次数不得超过两次。

（2）剪切闸板试验前的准备工作。

① 保证液控系统蓄能器组液压油压力保持在 19 ～ 21MPa。

② 将一段长约 1.2m（4ft）的试验钻杆垂直地悬吊在防喷器内。允许在闸板以下松松地扶正该段管子，以避免在剪切时过分弯曲（实际井内情况可能要更复杂）。确保钻杆接头、钻铤等钻具加厚部分不在剪切闸板防喷器剪切位置。

③ 将液控系统的旁通阀手柄扳到"开"位，使蓄能器组高压油直接进入管汇。

3）剪切闸板的密封试验

（1）将液控系统中控制剪切闸板的三位四通阀手柄扳到"关"位，进行剪切钻杆作业。

（2）观察液控管汇压力表的压力变化可判断剪切钻杆是否成功。

（3）进行低压 1.4 ～ 2.1MPa（200 ～ 300psi）、高压防喷器最大额定工作压力密封试验，压力稳定后分别稳压 10min，检查渗漏情况，合格判据为密封部位无渗漏。

（4）手动锁紧机构试验与管柱闸板相同。

（5）剪切钻杆后，应及时安排检修，检查刀体各部位不得有裂纹，刃口不得有缺口、堆起等损坏；橡胶密封件应无明显损坏；上、下刀体贴合面和刀体密封安装槽不得有任何影响密封的缺陷。

4）剪切闸板的剪切操作

（1）剪切闸板关闭性能。

剪切闸板关闭性能和井压的作用、剪切管柱的规格及性能等级等因素相关。

（2）剪切操作注意事项。

① 明确具体管柱的剪切关闭压力。

② 关闭半封闸板防喷器，打开环形防喷器：为降低关闭压力，缩短关闭时间。

③ 在环形防喷器打开的情况下：预期最大井筒剪切压力 MEWSP = 实际或计算的剪切关闭压力值。

④ 在环形防喷器关闭的情况下：预期最大井筒剪切压力 MEWSP = 实际或计算的剪切值 + 预期最大地面压力 / 剪切比（MASP/SR）。

⑤ 打开旁通阀，高压控制液直接进入剪切液缸。

⑥ 由于管子特性和相应剪切关闭压力的变化，剪切管柱的最大预计压力宜低于控制系统最大工作压力的 90%。如果剪切关闭压力高于控制系统最大工作压力的 90%，还应进行额外的风险评估。

⑦ 如果剪切压力达到蓄能器充压泵的再启动压力（阈值的 10%），应将泵重启压力增加至接近系统的最大运行压力。

（二）二次密封及观察孔

防喷器活塞杆的二次密封装置，是为一次密封装置失效时用以紧急补救其密封而设置的。活塞杆的二次密封装置使用时应注意以下几点：

（1）为防止二次密封脂发生固化失效，在防喷器出厂时不装二次密封脂棒，只作为随机附件。在平时防喷器不使用期间也建议不安装二次密封脂棒，只在上井前将其装入，在完井检修时将其取出，并将该处清洗干净。

（2）将专用工具预先准备好，以防急需时措手不及。

（3）防喷器在使用时应经常检查观察孔有无钻井液或油液流出。

（4）密封圈失效后压注二次密封脂不可过量，以观察孔不再泄漏为准。二次密封脂摩擦阻力大而且黏附有颗粒物质，当闸板轴回程时对闸板轴损伤较大。

（5）使用二次密封后，应尽快检修防喷器，尽快清洗二次密封脂，防止其干涸在注脂孔内。

活塞杆的二次密封装置呈水平装设，观察孔道则设计成垂直向下，即孔眼朝下，这样有利于观察液体的流出（图 2-57、图 2-58）。近几年，国内生产的新型闸板防喷器，其活塞杆二次密封装置的观察孔设计成沿水平方向的孔眼，操作者使用时应予以注意。

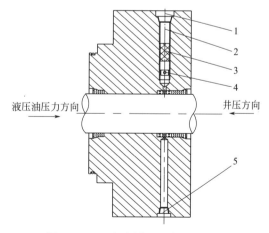

液压油压力方向　　　井压方向

图 2-57　二次密封及观察孔示意图
1—NPT 1 丝堵；2—压紧螺塞；3—二次密封；4—单向阀；
5—带孔丝堵 NPT½

图 2-58　二次密封及观察孔实物图

（三）橡胶件和防喷器的储存

1. 橡胶件的储存

橡胶件的存放需要做到以下几点：

（1）先使用存放时间较长的橡胶件。

（2）橡胶件应放在光线暗的室内，远离窗户和天窗，避免光照。人工光源应控制在最小量。

（3）存放橡胶件的地方按照要求做到恒温，国外厂家或用户对恒温要求更为严格（沙特阿美公司的井控手册第 6 版要求橡胶件恒温 16℃存放），同时保持规定的湿度。

（4）橡胶件应远离电动机、开关，或其他高压电源设备（高压电源设备产生的臭氧对橡胶件有影响）。

（5）橡胶件应尽量在自由状态存放，防止挤压。

（6）保持存放地方干燥，无水、无油。

（7）如果橡胶件必须长时间存放，可考虑放在密封环境中，但不能超过橡胶失效期。

橡胶件从制造日期起总的最长储存期限为失效期限。建议用户在失效期限之前安装使用橡胶件，超过此期限后应做报废处理（表 2-4）。

表 2-4　橡胶件储存时间表

橡胶件		最迟销售期限	失效期限
零件类型	弹性体类型	从制造日期起在生产厂家的储存期限，年	从制造日期起总的储存期限，年
环形防喷器胶芯	丁腈橡胶	2	4
	天然橡胶	1	3
闸板防喷器胶芯	丁腈橡胶	2	4
	氢化丁腈橡胶	3	5
防喷器侧门密封	丁腈橡胶	1	3
	氢化丁腈橡胶	2	4
防喷器密封件修理包	丁腈橡胶	1	3
	耐水解聚氨酯	1	3

应采取充分的措施以保证橡胶件免受环境的有害影响,现把橡胶件储存条件归纳如下(表2-5)。

表2-5 橡胶件储存条件表

储存条件	推 荐	一 般	不可接受
温度	不高于28℃	不高于38℃	高于38℃
光线	完全黑暗	无直射光线	直射光线
氧气或臭氧	密封包装	敞开在空气中	接近电动机或电弧
应力	单独包装	松散叠放	挤压、拉伸或折弯油
环境	干燥清洁空气	潮湿空气	润滑脂或水

2. 防喷器30天以上时长的储存

(1)储存前,零件和设备的外露金属表面应进行防锈处理保护,所用的保护方法在温度50℃(125 ℉)以下应不熔化。

(2)拆出闸板或密封元件,彻底清洗、检查壳体内腔并涂防锈油或防腐剂。

(3)所有连接表面密封垫环槽应用经久耐用的覆盖物加以保护。

(4)螺纹孔应采用尼龙丝堵或塑料塞封堵。

(5)液压控制腔应采用防冻抗腐蚀液冲洗,油路口应封堵。

(6)每隔一个月对防喷器进行目视外观检查,冲洗表面灰尘,并进行防锈处理。

二、两类常用闸板防喷器的检维修操作

目前,钻井作业所用的闸板防喷器,从结构形式上有RSC型(铸造结构)和RSF型(锻造结构)两大类。

(一)RSC(铸造结构)防喷器

RSC防喷器如图2-59所示。

(a) 实物图

(b) 示意图

图2-59 铸造结构闸板防喷器

防喷器每服务完一口井都要进行全面的清理、检查，有损坏的零件要及时更换，壳体的闸板腔和闸板总成在清洗干净后涂油防锈（建议涂敷合成复合铝基润滑脂），连接螺纹部分涂螺纹油。

1. 闸板及闸板密封胶芯的更换

闸板密封胶芯是防喷器是否起防喷作用的关键部件，一旦损坏，防喷器就会丧失防喷功能。因此必须保证胶芯完整无损，发现密封面损坏时必须及时更换。更换闸板及闸板密封胶芯的步骤如下：

（1）首先应使手动锁紧装置处于解锁状态，用液压将闸板打开到全开位置。

（2）将闸板总成从闸板轴尾部水平向外侧拉出。取出闸板总成时，注意保护侧门密封面、闸板和闸板轴，避免磕碰及擦伤；防喷器没有被固定时，不允许同时打开两个侧门，以防止防喷器重心偏移翻倒。特殊情况需要用两个支撑物（选择和地面接触牢靠平实的物体）支撑住壳体，以防倾倒（图2-60）。

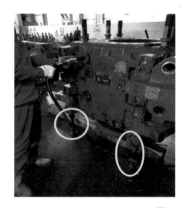

图2-60　防喷器维修时防倾倒支撑

（3）查看闸板橡胶件的连接形式，更换闸板橡胶件。如果闸板胶件是HF型，需用工具向上撬出闸板橡胶件顶部密封的后部（图2-61），然后向前卸掉前密封闸板胶件（图2-62），最后更换新闸板胶件。装配顺序相反。

图2-61　更换HF型闸板胶皮顶密封　　图2-62　更换HF型闸板胶皮前密封

2. 铰链座的维修

侧门铰链座既是侧门的旋转轴，又是液压油的通道，当密封圈损坏时，就会发生漏油现象。此时，需拆开检查，具体步骤如下：

（1）先保证侧门和壳体的紧固连接。

（2）从铰链座上拧下2个定位销，然后卸掉4个连接螺柱，定位销是分体结构，可用M8螺钉拨出（图2-63）。

（3）将铰链座从侧门上取出，可轻轻打出，切忌用力过大，以免损伤密封面。

（4）安装时将配合面涂润滑油，轻轻打入侧门，注意定位孔位置，先装2个定位销，后上4个螺钉（图2-64）。

（5）检查铰链座上O形圈，尽可能全部更换O形圈；检查密封面是否有拉伤痕迹，如有应修复。

（6）拆装铰链座时应注意保持原来的装配位置关系，不可变更（图2-65）。

图2-63 定位销及取出工具　　图2-64 铰链座及定位销　　图2-65 保持铰链座装配位置

3. 液缸总成的维修

1）液缸总成的拆卸

（1）若闸板没有处于全开位置，则应先用液压将其打到全开位置，若侧门已处于打开状态，则应关闭侧门，并且至少应在铰链座对面拧一根侧门螺栓，然后打开闸板。

（2）液缸下面放置一干净油盆，防止拆卸中油流到地面（图2-66）。

（3）卸掉缸盖固定双头螺柱及螺帽，卸下缸盖（图2-67）。

（4）将锁紧轴从闸板轴中旋拧出来。

（5）取下液缸（图2-68、图2-69）。

（6）松开活塞锁帽内的防松螺钉；卸掉活塞锁帽，取下活塞（图2-70）。

（7）打开侧门，取下闸板，拨出闸板轴（图2-71）。

（8）卸掉挡圈，取出闸板轴、密封圈，用同样的方法取出缸盖内的锁紧轴密封圈（图2-72、图2-73）。

图 2-66 接油盆、锁紧轴与闸板轴的连接

图 2-67 缸盖与锁紧轴的连接

图 2-68 液缸及活塞

图 2-69 液缸、缸盖、闸板轴

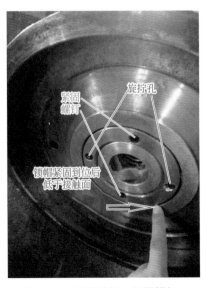

图 2-70 活塞锁帽、紧固螺钉

图 2-71 拔出闸板轴

图 2-72 闸板轴与侧门处密封挡圈

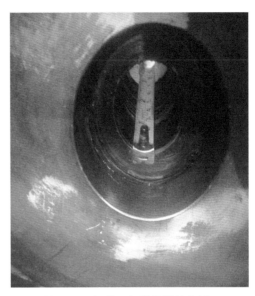

图 2-73 缸盖及与锁紧轴处密封

2）液缸拆卸后的检查

（1）缸内壁的检查。

液缸内表面产生纵向拉伤深痕时，即使更换新的活塞密封圈也不能防止漏油，此时应换新的液缸，同时检查活塞等相关件，找出拉伤原因并予以解决。如果伤痕是很浅的线状摩擦伤或点状伤痕，可用极细的砂纸和油石修正（图 2-74、图 2-75）。

图 2-74 液缸的检查清理

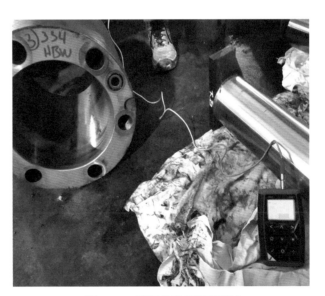

图 2-75 液缸检查及硬度测试

（2）闸板轴及锁紧轴密封面的检查。

闸板轴及锁紧轴密封面有拉伤时，判断和处理方法同液缸的处理。如果镀层剥落，将会产生严重漏失，必须更换新件（图 2-76、图 2-77）。

图 2-76　闸板轴的检查

图 2-77　锁紧轴的检查

（3）密封圈的检查。

首先应检查密封件的唇边有无受伤的磨损情况，以及 O 形密封圈是否挤出切伤等，当发现密封件有损坏或轻微伤痕时，最好都能予以更换（图 2-78）。

(a) 新的密封胶件

(b) 破损的闸板轴密封件

图 2-78　密封胶件的检查与更换

（4）活塞的检查。

活塞的活动密封面不均匀磨损的深度超过 0.2mm 时，就应更换，其他表面不能有明显影响密封的伤痕（图 2-79）。

图 2-79 活塞及密封件的检查

3）液缸总成的安装

安装时依照拆卸的反顺序进行，但要注意以下几点：

（1）检查零件有无毛刺或尖棱角，如有应去掉，这样才能保证密封圈的唇边不会被刮伤，并注意保持清洁。

（2）装入密封圈时，密封圈表面要涂润滑油，相对密封面也涂油，以利于装配。

（3）注意唇形密封圈的方向，唇边开口对着有压力的一方（图 2-80）。

（4）注意使密封圈能顺利地通过螺纹部分，不要刮坏（图 2-81）。

图 2-80 密封圈唇边开口的朝向　　　图 2-81 使用闸板轴安装导向套防止刮坏密封圈

（二）RSF 型（锻造结构）防喷器

RSF 型防喷器如图 2-82 所示。

(a) 实物图

(b) 示意图

图 2-82　锻造结构闸板防喷器

防喷器每服务完一口井都要进行全面的清理、检查，有损坏的零件及时更换，壳体的闸板腔和闸板总成在清洗干净后涂油防锈（建议涂敷合成复合铝基润滑脂），所用的防锈油在 50℃ 以下时应不熔化，连接螺纹部分涂螺纹油（图 2-83、图 2-84）。

图 2-83　闸板腔清理检查

图 2-84　闸板总成涂油防锈

1. 闸板及闸板密封胶芯的更换

更换 RSF 型（锻造结构）防喷器闸板及闸板密封胶芯时，首先应使手动锁紧装置处于解锁状态，打开侧门总成，严禁任何人和物处在开启侧门的运动方向上，以免出现意外事故。如果侧门长时间处于开启状态，务必用支撑物（千斤顶或较长带螺母的螺栓）支撑在侧门下方（图 2-85），以防止开关活塞杆时间长了发生永久变形。在维修保养时，开启侧门注意及时在开关活塞杆的表面上涂敷合成复合铝基润滑脂（图 2-86、图 2-87）。

更换闸板及闸板胶芯操作步骤如下：

（1）用液压油打开闸板，使闸板处于开启位置。

（2）松开侧门螺栓，若防喷器装在井上，井内如有压力是不能卸侧门螺栓的。

（3）将油阀关闭，即将油阀拧到底，并拧紧。

(a) 千斤顶支撑

(b) 支撑物支撑

图 2-85　支撑侧门

图 2-86　侧门及开关活塞杆

图 2-87　开关活塞杆涂油

（4）用小于 10.5MPa 的液压油打开侧门，即实施关闭闸板动作，将侧门打开到极限位置（图 2-88）。

（5）若此时闸板没有处于开启位置，则操作液控装置的打开闸板动作，将闸板打开到全开位置即停，防止侧门关闭，必要时可在侧门和壳体间垫两块尺寸相同的木方。

（6）将闸板总成从闸板轴尾部向上提出。取出闸板总成时，注意保护开关侧门活塞杆，避免磕碰及擦伤（图 2-88）。

（7）更换闸板橡胶件，先向上撬出顶密封，然后向前卸掉前密封，更换新胶芯

（图 2-89、图 2-90）。装配顺序按相应反顺序即可。

（8）装配完毕后打开油阀，然后再操作闸板的开关。

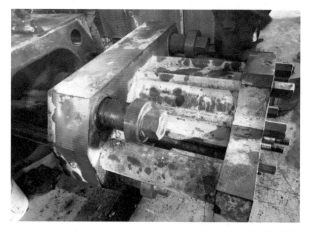
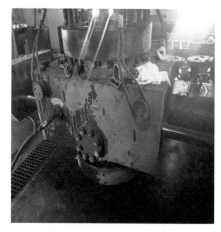

图 2-88　打开侧门及更换闸板

图 2-89　更换闸板密封

图 2-90　卸掉密封胶件及闸板体的检查

图 2-91　卸松侧门螺栓

2.液缸总成的检查维修

1）拆卸

（1）用小于 10.5MPa 的压力，操作液控装置的关闭闸板动作打开侧门，取下闸板总成。

（2）泄掉液缸内的压力，在液缸下面放置一干净油盆，防止拆卸中液压油流到地面；必须检查自封接头的油压是否完全泄掉，油路中不能有残余压力，防止油喷溅伤人或油流到地面。

（3）卸掉缸盖固定双头螺柱及螺母，取下缸盖及与之相连接的锁紧轴座（图 2-91、图 2-92、图 2-93）。

（4）取下液缸、缸筒（图2-94）。

（5）拔出闸板轴（图2-94）。

（6）用吊车吊住侧门，拧下开关侧门活塞杆（图2-95）。

（7）卸掉挡圈，取出侧门内的闸板轴密封圈，用同样的方法取出缸盖内的锁紧轴密封圈（图2-96）。

图 2-92 锁紧轴护罩

图 2-93 检查缸盖

图 2-94 拆解检查液缸、活塞、缸筒、闸板轴等

图 2-95 开关侧门活塞杆   图 2-96 检查与更换缸盖密封件

2）拆卸后的检查维修

（1）液缸、缸筒内壁的检查。

液缸、缸筒内表面产生纵向拉伤深痕时，即使更换新的密封圈也不能防止漏油，应换新的液缸、缸筒，同时检查活塞等相关件，找出拉伤原因并予以解决，如果伤痕是很浅的线状摩擦伤痕或点状伤痕，可用极细的砂纸和油石修复（图 2-97、图 2-98）。

图 2-97 检查液缸   图 2-98 检查缸筒

（2）闸板轴、锁紧轴、开关侧门活塞杆密封表面的检查。

密封表面有拉伤时，判断和处理方法同液缸。如果镀层剥落，将会产生严重漏失，必须更换新件（图 2-99、图 2-100）。

图 2-99　检查闸板轴

图 2-100　检查侧门与开关活塞杆

（3）密封圈的检查。

应首先检查密封件的唇边有无磨损情况，以及 O 形密封圈有无挤出切伤等，当发现密封件有损坏或伤痕时，要予以更换（图 2-101）。

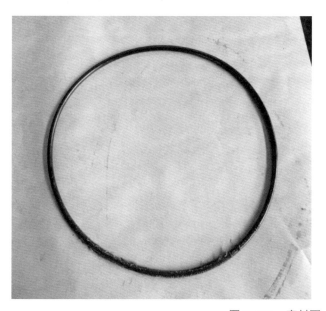

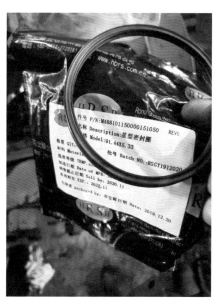

图 2-101　密封圈

（4）活塞的检查。

活塞的活动密封面不均匀磨损的深度超过 0.2mm 时，就应更换，其他表面不能有明显影响密封的伤痕。

3. 液缸总成的安装

（1）检查零件有无毛刺或尖棱，如有应去掉，这样才能保证密封圈不会被刮伤，并注意保持清洁（图 2-102）。

（2）装密封圈时，密封圈表面要涂润滑油，相对密封面也要涂油，以利于装配

（图 2-103、图 2-104）。

（3）注意唇形密封圈的方向，唇边开口对着有压力的一方（图 2-105）。

（4）注意使密封圈能顺利地通过螺纹部分，不要刮坏。

图 2-102　清理液缸

图 2-103　装配液缸、活塞及密封圈

图 2-104　液缸密封圈表面涂油

图 2-105　密封圈唇口朝向

4. 侧门密封圈的更换

由于侧门密封圈的骨架比较软，所以在装配时切忌使用物品直接敲击，防止损坏骨架。请按照以下步骤操作：

（1）用液压打开侧门。

（2）用两个 M12 的顶丝拧入侧门密封圈上下两侧的螺孔内，将侧门密封圈顶出，顶出的同时撬动左右两侧（图2-106）。

（3）更换密封件。在安装密封件时应注意：侧门密封圈是有方向性的，即橡胶弹簧应装在骨架端面有横槽的一面，而且这一面在侧门密封圈槽底。

（4）安装侧门密封圈。在侧门密封圈槽中和侧门密封圈上涂润滑油，将侧门密封圈放入槽中，用螺栓刀轻轻将密封圈压入槽内，在左右两端用两个M12的螺栓将侧门密封圈压入槽中，然后取出螺栓。

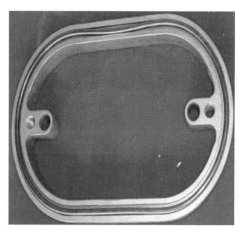

图2-106　侧门密封圈及骨架

5. 开关侧门活塞杆的拆装

当开关侧门活塞杆与壳体或侧门相配合的密封圈损坏时，或者需要修理侧门时，就需要拆卸开关侧门活塞杆，开关侧门活塞杆与壳体是螺纹连接。为防止螺纹粘扣不易拆卸，改进为活塞杆和定位法兰紧固到壳体上连接，定位法兰通过内六角螺栓固定到壳体上（图2-107至图2-110）。

图2-107　开关活塞杆螺纹　　　　图2-108　开关活塞杆与壳体螺纹连接

图 2-109　开关活塞杆与壳体定位法兰连接

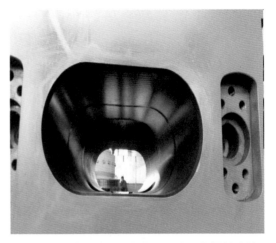

图 2-110　定位法兰与壳体通过内六角螺栓连接

应按照以下步骤进行拆卸和安装步骤：

（1）拆除液缸总成，只留下侧门和开关侧门活塞杆。

（2）将侧门推到靠近壳体的部位，以不影响扳手操作为准（图 2-111）。

（3）用吊车轻轻吊挂侧门，使侧门对开关侧门活塞杆的下压程度减小到最小。

（4）逆时针旋转开关侧门活塞杆，将其向外旋出。注意：如果在旋转时有转动不畅的情况，不应强制加力拆卸，以免损坏开关侧门活塞杆与壳体的配合表面，这时应调整侧门的吊挂程度，然后再进行试拆装。

（5）装配时与上述方法相同，注意应在配合表面和螺纹上涂润滑油，并且在装配开关侧门活塞杆前检查各部位的密封圈是否都安装到位（图 2-112）。

图 2-111　开关活塞杆与壳体之间放置扳手装卸

图 2-112　更换开、关活塞杆密封圈

第三章
远程控制台的检维修操作

远程控制台是制备、储存液压油并控制液压油流动方向的装置，它由油泵、蓄能器组、控制阀件、输油管线、油箱等元件组成。通过操作三位四通转阀（换向阀）可以控制压力油输入防喷器油腔，直接使井口防喷器实现开关。远程控制台通常安装在面对井场左侧，距离井口 25m 远处。远程控制台如图 3-1、图 3-2 所示。

图 3-1　远程控制台外观图

图 3-2　远程控制台内部图

第一节　主要部件的使用维护

一、曲轴柱塞泵的使用维护

曲轴柱塞泵是由曲轴连杆传动的三柱塞泵，主要用于以液压油为介质的系统中。现场使用及井控车间维修时应注意以下几点：

（1）电源不应与井场电源混淆，应专线供电，以免在紧急情况下井场电源被切断而影响电泵的正常工作。电源电压应保持在 380V，电压过低将影响电泵的正常补油工作。

（2）电动机接线时应保证曲轴按逆时针方向旋转，即链条箱护罩上所标志的红色箭头旋向（图 3-3）。其目的是使十字头得到较好的飞溅润滑。

（3）泵和电动机必须用螺栓固定在同一底座上，防止松动和倾斜（图 3-4）。采用联轴器连接时两轴的同轴度误差要小于 0.10mm。

（4）打开排气注油塞，向壳体内装 N32 机械油或其他适宜油品至油标刻度处（图 3-5）。使用过程中要经常观察液面高度，及时补充油液，定期更换壳体内油液，以保持润滑油的清洁（图 3-6）。

（5）泵启动前先将泵头体上的吸油口排气塞旋松，排出进油管线内气体，并使其充满油，然后再旋紧吸油口排气塞（图 3-7）。

（6）柱塞密封装置中的密封圈应松紧适度。密封圈不应压得过紧，泵工作时以有油微溢为宜。通常调节密封圈压帽，使该处每分钟滴油 5 ～ 10 滴（图 3-8）。

（7）十字头轴与柱塞应正确连接。当挡圈折断需在现场拆换时，应保证十字头轴与柱塞端部相互顶紧勿留间隙。否则将导致新换挡圈过早疲劳破坏。

（8）定期清洗泵的吸入管路中滤油器的滤网，严防污物堵塞（图 3-9、图 3-10）。

（9）油箱内的液压油需定期检查，通过打开远控台外侧底部（并排是油路开和关的接口）的放油塞，用一透明器皿接定量的液压油来查看清洁度（图 3-11、图 3-12）。

图 3-3 红色箭头旋向

图 3-4 泵和电动机固定在同一底座上

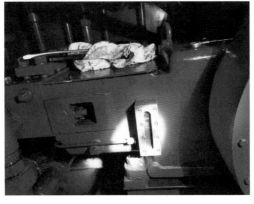

图 3-5 曲轴柱塞泵油标

图 3-6 润滑油排油口

图 3-7 吸油口排气塞　　　　　　图 3-8 调节密封圈压帽

图 3-9 滤油器滤网及清污　　　　　图 3-10 进油口过滤器

图 3-11 检查液压油纯净度　　　　　图 3-12 排油口盲堵

二、气动油泵的使用维护

气动泵是一种把气压转换为液压动力的高压泵，主要用于以液压油为介质的系统中。气动泵在远程控制台上作为一个独立泵组，是系统中不可缺少的。

现场使用及井控车间维修时应注意以下几点：

（1）气动油泵的油缸上方装有密封填料，当漏油时可调节密封填料压帽，但不宜压得过紧，否则将加速密封填料与油缸连杆的磨损（图3-13）。

（2）启动气动泵后，如果有漏气现象发生，一般情况下，在拆解换向机构后，如果发现往复杆上的上下两处O形圈开裂应及时更换新的O形圈（图3-14、图3-15）。

（3）如果遇到气泵换向机构内滑块（钢球）卡住的情况，拆解换向机构后，会发现往复杆上有滑块（钢球）运行痕迹，滑块（钢球）也会有锈蚀等现象，建议这两部分用砂纸打磨除锈，不要损坏零件表面或更换相应零件，然后涂适量润滑油。主要原因有进入气泵的压缩空气不洁净、含水量过高、油雾器雾化效果不好等（图3-16、图3-17）。

图3-13　气泵油缸密封填料

钢球运行痕迹

气体含水过多，此处易锈蚀，发生卡阻现象

31.2×3.65乳白色橡胶圈易老化，导致漏气现象发生

图3-14　气泵泵头内组件

含弹簧的备帽

钢球在此处最里面，然后是弹簧，最后是备帽

图 3-15　气泵密封圈　　　　　　图 3-16　气泵气缸头

活塞及O形圈

弹簧及备帽

连杆

图 3-17　气泵活塞及气缸

三、膜片式气手动减压阀的使用维护

减压阀主要用来将蓄能器的高油压降低为防喷器所需的合理油压。当利用环形防喷器封井起下钻作业时，减压阀起调节油压的作用，保证顺利通过接头并维持关井所需液控油

压稳定。气手动减压阀有膜片式和气马达式两种。膜片式气手动减压阀在气手动减压阀结构上增加了一个橡胶膜片。

现场使用及井控车间维修时应注意几点：

（1）手动调压时，顺时针旋转手轮提高输出压力，逆时针旋转手轮降低输出压力（图3-18）。

（2）闸板防喷器液控油路上的减压溢流阀，输出油压调定为10.5MPa，调节螺杆用锁紧手把锁住（图3-19）。

（3）配有司控台的控制装置在投入工作时应将分配阀扳向司控台，气手动减压阀由司钻控制台遥控（图3-20）。

（4）气手动调压阀，输出压力调节为10.5MPa，切勿过高。

（5）减压阀调节时有滞后现象，输出不随手轮的调节立即连续变化，而呈阶梯性跳跃。调压操作时应尽量轻缓，切勿操之过急（图3-21）。

图3-18　膜片式气手动减压溢流阀

图3-19　手动减压溢流阀

图3-20　远控台分配阀、环形压力调节阀

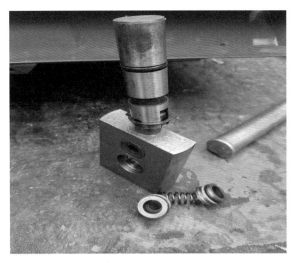

图 3-21　手动减压溢流阀拆解图

（6）及时清洗进油口滤油器的滤网，以防堵塞。

（7）气动调压时，首先在气压为 0 的情况下，手动调压至所需输出压力，锁紧手把。当气源失效时，出口压力将会自动恢复为手动设定的初始设定值，以保证安全。

四、马达式气手动减压阀的使用维护

马达式气手动减压阀（图 3-22、图 3-23）的结构、工作原理和手动调压方式与气手动调压阀基本相同，所不同的是气动调压时，在远程控制台上的电控箱通过电磁换向阀对气路进行换向（电控型），或通过远程控制台显示盘上的三位四通气转阀对气路进行换向（气控型），实现气马达的正反转切换。

图 3-22　1½in 马达式气手动调压阀

图 3-23　1in 马达式气手动调压阀

现场使用及井控车间维修时应注意几点：

（1）手动调压：应先松开锁紧螺帽。旋转气马达调压阀上端的手柄，可将输出压力调节为设定压力。向下旋入为提高输出压力，向上旋出为降低输出压力。

（2）气动调压：应先旋紧锁紧螺帽。此时在远程控制台或司钻控制台上通过电磁换向阀（或三位四通气转阀）对气路进行换向，实现气动马达的正反转切换，通过蜗轮蜗杆副及螺纹副带动芯轴旋转，压缩或释放弹簧，从而改变出口压力，即可调整环形防喷器的控制压力。

（3）选择气马达操作时，锁紧手柄要处于锁紧状态；选择手动操作时，要松开锁紧手柄。

（4）当由于误操作，气动调压无法实现时，可先使电磁换向阀恢复中位，松开锁紧旋钮，并扳动手柄旋转一定角度，然后旋紧锁紧螺帽，气动调压即可恢复正常工作。

（5）气马达调压阀可以实现双向调压，当气源失效时，环形压力即为失效前的压力值。

（6）在司钻控制台调节环形压力时，由于气马达调压阀耗气量较大且传输距离较远，会出现几秒钟的延时。因此，在司钻控制台上扳动三位四通气转阀调整环形压力时，应注意每通气 1s 后将三位四通气转阀放置于"中位"1～2s，并注意观察压力表的读数，以免由于延时造成压力不到位或压力过高。

（7）定期清洗滤油器的滤网，以防堵塞。

（8）如系统升压时漏油，需要旋转调压手轮，使密封盒上下移动数次，挤出污物，必要时拆检修理；然后拆开阀体内部，查看密封面是否有划痕或异物，若有，则更换相应的零件并清洗干净。

（9）如不能气动调压时，先检查锁紧螺帽是否松动，若松动将其锁紧；然后检查快速排气阀、消声器是否有损坏。

五、三位四通转阀的使用维护

三位四通转阀采用剪切式密封，抗污染能力强，一般不会因为堵塞等原因发生故障。如果能判断是阀芯、挡圈、阀座或波形弹簧等密封零件发生故障，可以拆卸连接阀盖与阀体的 4 条螺钉，将阀盖与阀体分离，即可拆卸和更换阀芯、挡圈、阀座或波形弹簧（图 3-24）。

现场使用及井控车间维修时应注意以下几点：

（1）操作时手柄应扳到位。

（2）不能在手柄上加装锁紧装置。

（3）与其连接的气缸有黄油嘴，定期压注黄油（图 3-25）。

（4）阀座里密封件和波形弹簧属于易损件。

针对环形防喷器开关井所需流量大的要求，用户可根据需要自行选择油口为 1in 或 1½in 的三位四通转阀，以达到快速开关环形防喷器的要求。

(a) 拆解图

(b) 外观图

图 3-24　三位四通转阀

(a) 外观图

(b) 拆解图

图 3-25　三位四通转阀气缸

六、三位四通气转阀的使用维护

该阀主要用于司钻控制台，通过此阀的换向控制三位四通转阀的换向，从而实现防喷器开或关的动作。34ZR6Y-L8 型三位四通转阀（气）采用剪切式密封，一般不会因为堵塞等原因发生故障。

如果转阀发生漏气等故障，最好更换整个转阀。

如果能判断是波形弹簧、密封环或配气阀芯等密封零件发生故障，可以拆卸连接上阀体与下阀体的 4 根螺钉，将上阀体与下阀体分离，即可拆卸和更换波形弹簧、密封环或配气阀芯。三位四通气转阀如图 3-26 所示。

(a) 外观图

(b) 内部拆解图

图 3-26　三位四通气转阀

七、分配阀的使用维护

通过分配阀的换向可以选择气手动调压阀的输出压力由远程控制台或司钻控制台调节，分配阀如图 3-27、图 3-28 所示。

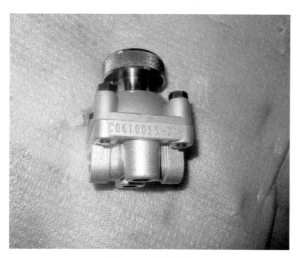
图 3-27　分配阀

图 3-28　分配阀、环形压力调节阀

八、溢流阀的使用维护

防喷器控制装置中均安装有安全阀，用来防止液控油压过高，对设备进行安全保护。远程控制台上装设 2 个安全阀，即高压溢流阀与低压溢流阀（图 3-29、图 3-30）。

图 3-29　高压溢流阀

图 3-30　低压溢流阀

现场使用及井控车间维修时应注意以下几点：

（1）低压溢流阀试验：关闭管路上的蓄能器隔离阀，三位四通转阀转到中位，电控箱上的主令开关扳至"手动"位置，启动电动油泵，蓄能器压力升至 23MPa（3300psi）左右，观察电动油泵出口的溢流阀是否能全开溢流。全开溢流后，将主令开关扳至"停止"位置，停止电动油泵，溢流阀应在压力不低于 19MPa（2700psi）时完全关闭。

（2）高压溢流阀试验：关闭蓄能器组隔离阀和蓄能器开关阀（起到双保险作用），将控制管汇上的旁通阀扳至"开"位。打开气源开关阀，打开液气开关的旁通阀，启动气动油泵运转，使管汇升压至 34.5MPa（5000psi），观察管汇溢流阀是否全开溢流。全开溢流后，关闭气源，停止气动油泵，溢流阀应在压力不低于 29MPa（4200psi）时完全关闭。

必要时，应对溢流阀的溢流压力进行调整。当要恢复常态时，关闭气泵进气阀，气泵停止运转；关闭液气开关的旁通阀使液气开关工作；打开管汇卸荷阀，当闸板防喷器供油压力表显示 10.5MPa 时关闭卸荷阀；将控制管汇上的减压溢流阀的旁通阀从"开"位扳至"关"位，打开蓄能器开关阀，系统恢复正常。

注意：试验和调整溢流阀时，必须关闭蓄能器组隔离阀（图 3-31），避免因蓄能器压力升高而导致事故。

蓄能器开关阀

蓄能器组隔离阀

图 3-31　蓄能器隔离阀和蓄能器开关阀

九、压力控制器的使用维护

当控制装置远程台的配电盘旋钮旋至"自动"位置时，电动机的启停就处于压力控制器的控制下。压力测量系统的弹性测压元件在被测介质压力的作用下会发生弹性变形，且该变形量与被测介质压力的高低成正比。当被测介质的压力达到预先设定的控制压力时，通过测量机构的变形，驱动微动开关，通过触点的开关动作，实现对电动油泵的控制。压力上限值和切换差均可以通过调整螺钉进行调节。压力控制器如图 3-32、图 3-33 所示。

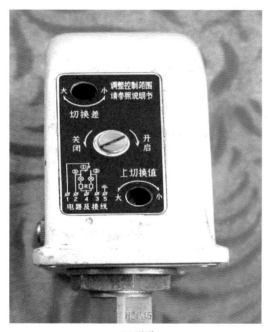
(a) 正面

(b) 侧面

图 3-32　压力控制器 1

(a) 外观

(b) 内部结构

图 3-33　压力控制器 2

十、液气开关的使用维护

液气开关油压调试校准须在气泵运转情况下进行，一般出厂时已调好，现场使用时无须再做调节。但长期使用后会导致关闭油压降低，此时可酌情调节。调节方法：将调节杆（随即附件）插入锁母中，旋开锁母，然后再将调节杆插入支撑螺母中。顺时针旋转，弹簧压缩，关闭油压升高；逆时针旋转，弹簧伸张，关闭油压降低。关闭压力调好后要扳紧锁紧螺母，液气开关的开启压力由弹簧特性决定，调节时，由于弹簧张力的原因，只能调节一个方向的压力，即调高压或调低压，对应的低压或高压也随之改变。如果要拆内部件（换 O 形圈），弹簧需要复位，在没有压力时拆卸。液气开关如图 3-34 所示。

(a) 拆解图　　　　　　　　　　　　　　　　　　(b) 外观图

图 3-34　液气开关

十一、蓄能器胶囊更换及使用维护

蓄能器用以储存足量的高压液压油，为井口防喷器、液动阀动作时提供可靠油源。每个蓄能器中装有胶囊，胶囊中预充 7MPa±0.7MPa 的氮气。

现场使用及井控车间维修时应注意以下几点：

（1）应确保在控制系统没有油压的情况下，方可进行蓄能器胶囊的更换。

（2）用扳手打开蓄能器顶部备帽和气嘴子备帽（图 3-35）。

（3）用扳手旋紧连接充氮工具底部和气嘴子，测试氮气压力。用充气工具释放胶囊内的氮气（图 3-36）。

（4）用专用扳手配合拆卸胶囊端部和蓄能器顶部之间的紧固部件（图3-37、图3-38）。

（5）卸松蓄能器顶部环形护罩圆螺母及压环（图3-39）。

（6）配合使用专用工具提出胶囊，注意胶囊顶部胶圈（白色、黑色O形圈以及钢性O形圈、锥形支承垫环）的安装顺序及密封（图3-40、图3-41、图3-42）。

图3-35　旋拧气嘴子

测试压力或充N_2时旋拧内部顶针刚接触气嘴子气门芯即可，否则易顶坏气门芯，切记!!!

泄压阀，中间有一凹槽泄压，一般旋拧4～5扣即可

第二步：旋紧旋钮，测试N_2压力

图3-36　充氮装置及排气阀

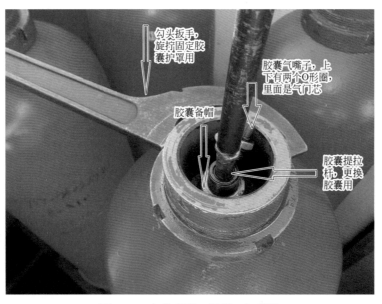

勾头扳手，旋拧固定胶囊护罩用

胶囊气嘴子，上下有两个O形圈，里面是气门芯

胶囊备帽

胶囊提拉杆，更换胶囊用

图3-37　勾头扳手、提杆、气嘴子

第一步：打开备帽和气嘴子备帽。

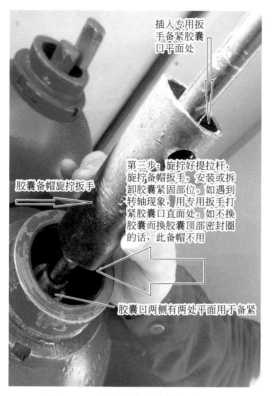

插入专用扳手备紧胶囊口平面处

胶囊备帽旋拧扳手

第三步：旋拧好提拉杆，旋拧备帽扳手，安装或拆卸胶囊紧固部位。如遇到转轴现象，用专用扳手打紧胶囊口直面处。如不换胶囊而换胶囊顶部密封圈的话，此备帽不用

胶囊口两侧有两处平面用于备紧

图 3-38　提杆及专用套筒示意图

旋紧或卸松胶囊护罩

图 3-39　卸松胶囊护罩

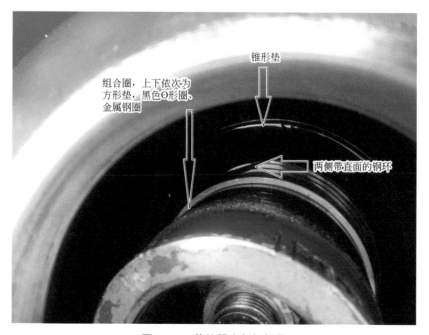

锥形垫

组合圈，上下依次为方形垫、黑色O形圈、金属钢圈

两侧带直面的钢环

图 3-40　蓄能器上部拆解图

图 3-41 蓄能器胶囊顶部胶圈

图 3-42 损坏的蓄能器胶囊 O 形密封圈

十二、气动压力变送器的使用维护

气动压力变送器用来将远程控制台上的高压油压值转化为相应的低压气压值，然后经低压气管线输送到司钻控制台上的气压表，以气压表指示油压值。在使用气动压力变送器时，可能会出现气动压力变送器本体漏油孔漏油或漏气孔漏气现象，一般情况下漏油可能是本体里的柱状黑色胶皮磨损或开裂导致的，漏气可能是本体里的密封胶圈损坏导致的。具体如图 3-43 至图 3-46 所示。

图 3-43 气动压力变送器拆解图

图 3-44 气动压力变送器分体上部

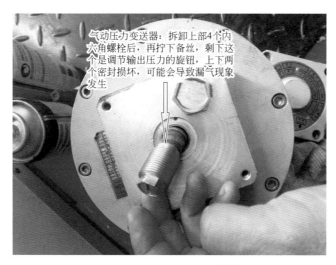

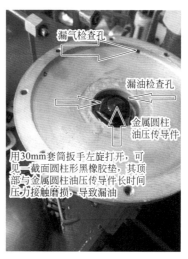

图 3-45　气动压力变送器调节旋钮　　　图 3-46　气动压力变送器分体下部

十三、气源处理元件的使用维护

气源处理元件一般由气水分离器、调压阀、油雾器等部件组成（图 3-47）。

现场使用及井控车间维修时应注意以下几点：

（1）气路上装有油雾器。油从喷嘴出来时，进入高速气流中，如气流流过圆柱体一样，油滴表面压力分布不均，出现高低压区，这种压力分布使油滴不断被拉长，直至变成许多小的油滴。

（2）压缩空气从气水分离器输入口流入时，气体中所含液态油、水和杂质沿导流叶片在切向强烈旋转，液态油水及固态杂质受离心力作用被甩到存水杯内壁上，并流到底部。已除去液态油、水和杂质的压缩空气通过滤芯进一步清除微小固态粒子，然后从输出口流出。

具体各部件名称及注意事项见图 3-47 至图 3-52。

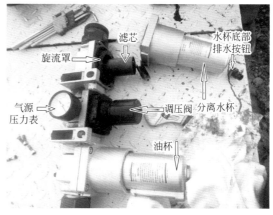

图 3-47　油雾器、分水滤气器　　　图 3-48　分水滤气器拆解

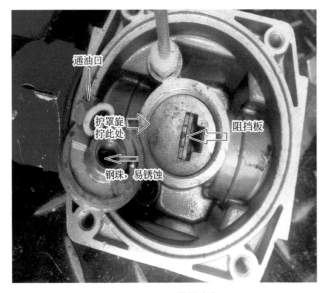

图 3-49　油雾器内部 1

图 3-50　油雾器内部 2

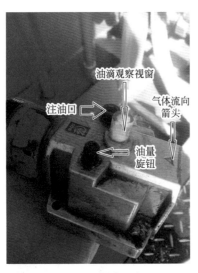

图 3-51　油雾器顶部 1

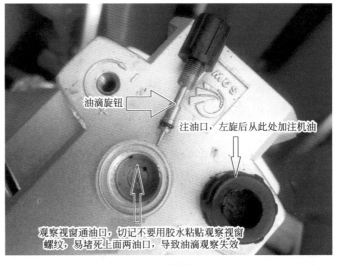

图 3-52　油雾器顶部 2

十四、气管缆、管排架的使用维护

气管缆由 19～23 条增强塑料管集束而成，长度 50m，单根管通径 4mm，壁厚 1mm，外层为保护层。气管缆两端的接板可随意与司钻台或远程控制台连接而无须认位，安装时注意装好密封胶垫，均匀旋紧螺栓。在安装布置气管缆时注意顺直，避免扭转，要从保护房的专用窗口进入远控台，不得从房门进入，以免影响保护房关门。

根据各油气田井控实施细则要求，宜推荐使用软、硬管线（管排架）相结合的方式。长直管线部分采用管排架，两端连接部分采用软管线。管排架是为保护高压控制液管线而专门设计的。管排架之间的油管用快换活接头或防爆活接头连接，需要锤击上紧。在管排架两端有堵头，保护接头搬运时不受损坏。

气管缆型号和管排架型号表示分别如图3-53、图3-54所示。

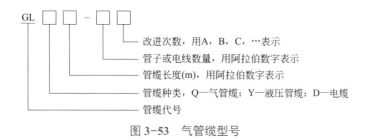

图3-53 气管缆型号

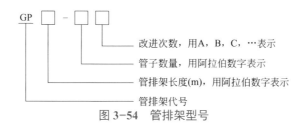

图3-54 管排架型号

示例：长度为50m，有21根管子的原设计空气管缆，其型号表示为GLQ50-21；长度为6m，有12根管子的原设计管排架，其型号表示为GP6-12。

第二节 远控台的检查、保养和调试

远控台在井控车间、现场安装结束后应进行整体调试，其目的是检查设备部件的密封情况和性能。

一、预检测

（1）检查液压油量及杂质情况。

（2）检查电动泵运转是否正常，电动机温度是否正常。

（3）向电泵曲轴箱、链轮箱加入润滑油；给远控台和司控台的油雾器加入适量润滑油。

（4）检查气动泵运转是否正常。

（5）检查蓄能器氮气压力是否正常。

（6）调试电动机转向。

（7）对远控台管道进行排气。

（8）调整抗振压力变送器输入气源。

（9）检查各三位四通转阀、气缸及三位四通气转阀带压操作是否正常。

（10）检查各耐震压力表、气压表是否正常。

（11）检查报警系统是否正常。

二、整机保养、损坏部件更换

（1）检查液压油，必要时更换。

（2）保养电动泵，包括密封填料润滑，曲轴箱润滑油，链条盒润滑油。

（3）保养气动泵。

（4）检查气水分离器、油雾器、三位四通转阀气缸，清洗、加油。

（5）清洗各滤清器滤芯。

三、整机检查

整机检查的内容如表 3-1 所示。

表 3-1　远控台检查内容明细表

序号	检查项目	检查要求	检查周期
1	油箱液面是否正常	蓄能器未充压时，油箱液面不得高于最高液面，正常使用过程中，油箱液面不得低于最低液面	每班
2	蓄能器压力是否正常	蓄能器压力在 21MPa 左右	每班
3	电器元件及线路是否安全可靠	运行正常	每班
4	油、气管路有无漏失现象	无漏失现象	每班
5	压力控制器和液气开关自动启、停是否准确、可靠	按照设定值启停	每班
6	各压力表显示值是否符合要求	压力表正确显示各部位压力	每班
7	分水滤气器	打开分水滤气器下端的放水阀，将积存于杯子内的污水放掉	每天
8	气缸	用油枪向转阀空气缸的两个油嘴加注适量润滑脂	每周
9	油雾器的润滑油	不足时应补充适量 N32 号机械油或其他适宜油品	每周
10	蓄能器预充氮气的压力	氮气压力不足 6.3MPa（900psi）时应及时补充	最初使用时每周一次；正常使用过程中每月一次
11	气源处理元件	每两周取下过滤杯与存水杯清洗一次，清洗时用汽油等矿物油滤净，用压缩空气吹干，勿用丙酮、甲苯等溶液清洗，以免损坏杯子	每两周

序号	检查项目	检查要求	检查周期
12	电动油泵曲轴箱润滑油液位	不足时补充适量 N32 号机械油或其他适宜油品	每月
13	拆下链条护罩，检查润滑油情况	不足时补充适量 N32 号机械油或其他适宜油品	每月
14	油箱内液压油的清洁度	打开油箱底部的丝堵放水，必要时更换液压油	每月
15	电动油泵、气动油泵或手动油泵的密封填料	应不明显漏油，若漏油明显需更换	每月
16	各滤油器及油箱顶部加油口内的滤网	拆检，取出滤网，认真清洗，严防污物堵塞	每次上井使用后（若是多沙环境，建议周期为每月）
17	箱底有无泥沙	必要时清洗箱底	每次上井使用后
18	压力表	校检	每次上井使用后
19	空气管缆	检查管缆两端连接各管束的接头有无松动，或者管束有无破裂，若有需要维修更换	每次上井使用后

四、现场和井控车间调试的注意事项

（一）检修程序

（1）试运转前的准备：逐个预充或检查蓄能器的氮气压力，压力值应为 7MPa±0.7MPa（1000psi±100psi），不足时应补充氮气。

（2）油箱加油：既可由油箱顶部的加油口加入，也可由电动油泵吸油口用吸油管开泵加油。加油量应控制在油箱油尺的上刻线（没充压时）。

（3）连接电源、气源、气管束、司钻控制台，连接液压管线。

（4）把自动开关扳到启动位置启动电动泵，空载运转，检查开关线路、电动机、油泵的运转情况，发现异常情况应立即停泵。检修合格后方可运转正常。

（5）关闭回油阀，往蓄能器内打压，检查油泵柱塞滴油情况，允许每分钟 5～10 滴，大于 10 滴应锁紧密封填料，锁紧无效时应更换新件。在打压过程中发现管线元件有渗漏现象时，停泵，泄压后检修，然后重新操作打压。

（6）蓄能器压力升高至 20.3～21MPa（2900～3000psi）时，应自动停止工作，否则应手动停泵。调整压力控制器，稳压 10min 无渗漏为合格，否则应泄压维修至合格。

（7）泵系统（电泵和气泵）从蓄能器预充压力升至额定压力的 98%～100% 时供油时间小于 15min；在失去一个泵系统（或动力系统）时，剩余泵系统应能在 30min 内将蓄能器预充压力升至额定压力。

注：关于远控台、防喷器组、管汇阀门等现场功能测试参见 SY/T 6868—2016《钻井作业防喷设备系统》、SY/T 5964—2019《钻井井控装置组合配套、安装调试与使用规范》等最新石油行业标准里的条款。

（8）调整压力控制器在油压为 18.9MPa（2740psi）时自动接通电路；在油压为 20.3 ～ 21MPa（2900 ～ 3000psi）时自动切断电路。

（9）调整液气开关要求能在蓄能器压力降至 17.85 ～ 18.5MPa（2588 ～ 2682psi）时自动开启气路；蓄能器压力升高至 20.3 ～ 21MPa（2900 ～ 300psi）时切断气源，气动泵停止工作。

（10）调定蓄能器溢流阀的开启：压力为 23MPa 要求全开，闭合压力不低于 19MPa。

（11）调定管汇调压减压阀为 10.5MPa，环形调压减压阀的出口压力为 8.4 ～ 10.5MPa。

（12）调整好气动压力变送器，保证司控台的压力表读数与远程台的相应压力表读数一致或在允许误差范围内。

（13）调定气源压力为 0.65 ～ 0.8MPa。

（14）检查三位四通换向阀开关是否灵活；三位四通气转阀是否能有效控制三位四通换向阀。

（15）检查报警系统是否正常工作。

（二）资料要求

填写控制装置检修试验记录，出具检修证明；在检修过程中，对不合格零部件要进行及时更换或维修。

（三）检修频次

建议上述检修频率为一年一次；每 3 年除了按照上述程序检修并填写检修试验记录之外，建议更换所有蓄能器的胶囊和上下口的密封件；每 5 年建议对蓄能器进行超声探伤，进行最小壁厚检测，若是当地使用环境中泥沙量较大，可以缩短为 3 年检测蓄能器最小壁厚。在日常检修过程中若是发现蓄能器有突起、鼓包等异状需要及时检查。

（四）FKDQ 型防喷器控制装置 UPS 电池使用寿命

FKDQ 型防喷器控制装置的 UPS 在不同使用环境下，电池设计寿命是不同的。对 UPS 进行检查和维护，检验是否满足 2h 供电时间，并建议适时更换电池：

（1）如整机在 25℃以下环境使用，每 3 年更换电池。

（2）如整机在 25℃以上环境使用，每 2 年更换电池。

对电磁阀进行检查和维护，并适时更换：

（1）如设备在 35℃以下环境使用，每 3 年更换。

（2）如设备在 35℃以上环境使用，每 2 年更换。

对于重要的阀件，比如剪切闸板和全封闸板电磁阀，每年更换。

第四章
节流压井管汇阀门的检维修操作

节流管汇是控制井内流体和井口压力、实施油气井压力控制技术的设备。节流管汇主要由主体和控制箱组成，主体又由节流阀、平板阀、管线、压力表等组成。本章介绍的阀门维修主要是平板阀和节流阀的维修。

第一节　管汇阀门介绍

一、阀门的密封

（一）阀座与闸板间密封

根据介质静压力与介质密封力的不同，阀座与闸板间的密封可分为自动密封、单面强制密封、双面强制密封。

法兰的密封面不管经过多么精密的加工，从微观来讲，其表面总是凹凸不平的，存在沟槽。这些沟槽可成为密封面的泄漏通道。因此必须利用较软的垫片在预紧螺栓力作用下，使垫片表面嵌入到法兰密封面的凹凸不平处，将沟槽填平，消除上述的泄漏通道。因此在垫片单位有效密封面积上应有足够的压紧力，此单位面积上的压紧力，称为垫片的密封比压（单位为 MPa），用 y 表示。密封比压是判断零件是否可用的一个重要参数，不同的垫片有不同的比压力，垫片材料越硬，y 越高。

根据产生密封比压方式的不同，阀座与闸板之间的密封又可分为：

（1）借助于非弹性变形的两个金属件的密封。

（2）借助于弹性变形的两个金属零件的密封。

（3）借助于金属表面对弹性材料的密封。

（4）采用密封脂和高黏度润滑材料的两个金属表面密封。这种结构的闸阀具有良好的液气密封性能，它使阀板密封面工作时擦伤和破坏的倾向最小。因有密封脂在密封面间形成极薄的油膜，使得操作轻便。平板阀就采用这种结构密封。

（二）平板阀密封

平板阀密封是压力自紧式浮动密封，依结构不同又可分为进口端密封和出口端密封（图 4-1 和图 4-2）。

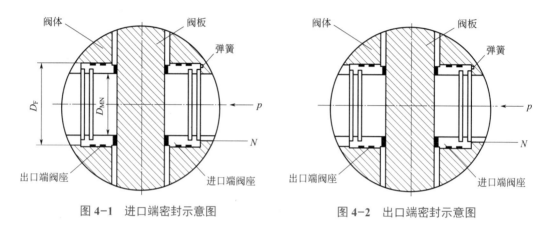

图 4-1　进口端密封示意图　　　　图 4-2　出口端密封示意图

（1）进口端密封的平板阀是在进口端阀座后面加一组预压弹簧（波形或蝶形弹簧），有时在设计中为了使用上的方便，往往在出口端阀座后面加一组相同的弹簧（图 4-3）。装配后，阀座在弹簧力的作用下对闸板有一初始压力。在阀关闭后，进口端阀座在介质压力 p 的作用下，对阀板产生一个作用力 N，此力是介质压力作用在阀座后端面的面积差产生的。假设密封油脂形成的油膜在阀座密封面上是完整的，再把弹簧力 F 也计入，则 $N=0.785(D_F^2-D_{MN}^2)p$。

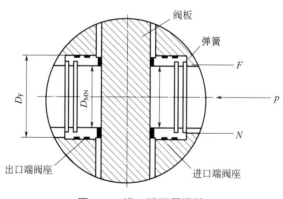

图 4-3　进口端预压弹簧

进口端阀座在介质压力作用下，对闸板产生的压力应该是 $N=0.785(D_F^2-D_{MN}^2)p+F$，$N$ 在进口端阀座密封面上所产生的密封比压是比较小的。实践证明，在平板阀结构中，这种进口端密封是能够达到的，这主要靠零件的加工质量和借助于密封脂来实现。

进口端密封可使阀在全开或全关状态时，泄掉阀腔内的介质压力，从而使现场维修保养和阀腔内密封脂补充操作比较方便，特别是在高压条件下工作的阀。

当阀关闭后，阀板在介质压力作用下被推向出口端阀座，使阀板密封面和出口端阀座密封面紧密贴合，从而达到密封。而介质可通过进口端阀座与阀板间的缝隙进入阀腔。

（2）出口端密封的平板阀阀座形状较简单，阀体内腔孔深度较浅，易于加工。此种密封形式虽密封严密，但由于阀板关闭后仍有高压液体留在阀腔内，因此，使阀的连接螺钉、密封圈、阀杆等零件常经受着高压液体压力的作用，对零件的强度要求较高。此外，出口端密封也难以实现阀在工作状态下的密封脂添加和维修操作。

平板阀采用压力自紧式浮动密封，阀杆工作条件较好，阀在开关过程中阀杆承受阀板的提升力。这个提升力来自工作介质压力。与楔式阀相比，阀杆的受力情况得到改善，阀的开启力矩较小。

此外，平板闸阀因阀腔中充满了性能优良的密封脂，在金属密封面间弥补或填平了由于机加工带来的微小间隙。密封脂既具有相当的密封能力，又可对密封面进行润滑，因而使平板阀开关轻便、密封可靠、寿命长。

（三）阀杆填料处密封

阀杆密封是动密封性质，它要求填料产生足够大的径向力，以产生所要求的比压来达到密封。同时还要求有尽可能小的摩擦系数，有良好自润滑性和耐磨性。该处密封性能的好坏，直接影响阀的使用寿命和操作者的安全。

阀杆填料处多用填料密封。按作用形式可分为机械式密封和半机械式密封。

（1）机械式密封。其作用原理是完全依靠阀帽的机械压力使填料产生一径向力，从而形成密封所需要的比压来达到密封。这种结构对填料施加的力与介质压力成倍递增，对于高压阀来说，要保证密封显然是困难的。同时，使用中常因各种原因，填料易发生松弛，密封比压减小，造成密封失效，容易引起外漏（图4-4）。

（2）半机械式密封。其作用原理是主要靠阀帽施加的机械密封力密封，同时也借助于介质压力产生的自密封，自密封性随介质压力的升降而增减。压力越高，在材料的允许限度内，密封性能越好（图4-5）。

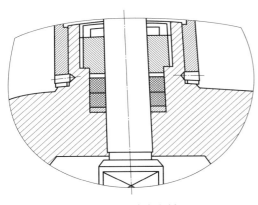

图4-4　机械式密封

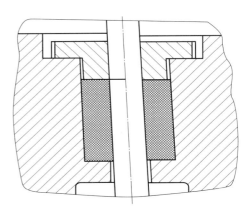

图4-5　半机械式密封结构

二、API Spec 6A 标准中关于阀门的技术参数

（一）产品规范等级（PSL）

产品规范等级包括 PSL1、PSL2、PSL3、PSL3G、PSL4 五级。

在 API 和国内行业标准里，PSL1 ～ PSL4 表示产品按哪一级别的要求生产的。PSL1 级别的产品，性能要求相对低些。以此类推，PSL4 是级别最高、要求最严格的产品。性能要求包括：材料、工艺、检验检测项目和要求、质量文件等。

（二）性能级别（PR1、PR2）

PR1 和 PR2 是"井口装置与采油树设备"的两个级别。PR2 级别的产品，性能要求更高，因此对生产和检验检测的要求更苛刻。

（三）材料级别（AA-HH）

按照 API Spec 6A 标准中的说法，AA-HH 是材料级别的代号，从 AA 到 HH，材料防腐要求越来越高，例如 AA 级是碳钢或低合金钢，HH 级是抗腐蚀合金（Inconel625 等），主要是根据介质中硫化氢或二氧化碳的含量来选择的。

AA、BB、CC 是一般环境使用的 3 个级别。DD、EE、FF、GG、HH 是酸性环境使用的 5 个级别。

（四）温度级别

API Spec 6A 标准规定，设计的装置应能在一种或多种介质带有最低和最高温度的规定额定温度范围下工作，温度级别 K、L、N、P、S、T、U、V 表示对应不同工作温度范围（最低和最高温度）。最低温度是装置可承受的最低环境温度，最高温度是装置可直接接触到的流体最高温度。

三、平行闸板阀的分类

（一）暗杆平板阀

该阀的阀杆螺母在阀体内与介质直接接触，开关阀板时通过旋转阀杆来实现。有显示机构的，其开关状态明显；无显示机构的，其开关状态不明显。该阀的高度总保持不变，安装空间小，适合于大口径或安装空间有限制的环境。

（二）明杆平板阀

该阀的阀杆螺母安装在轴承套支架上，开关阀板时，用旋转阀杆螺母来实现阀杆带动阀板的升降，实现阀的开关。因此阀的开关状态明显。

（1）明杆带尾杆的平板阀。该阀在阀体的尾部加一尾座，其中有一尾杆与阀板的尾部相接。尾杆的作用是使阀在开关的全过程中保持阀腔的容积不变，可采用进、出口端密封。

（2）明杆不带尾杆的平板阀。此阀阀体同暗杆阀阀体一样。由于在开关过程中阀杆要上升或下降，故阀腔的容积要改变。

四、节流阀的分类

钻井节流管汇节流阀按照部件结构进行分类，主要有：筒式节流阀、孔板式节流阀、针式节流阀。

（1）筒式节流阀又称柱塞式节流阀，通过圆柱形阀芯与直孔阀座配合实现节流（图4-6）。阀芯和阀座结构简单，制造方便。由于阀芯与阀座重合后流通面积不变，其有效调节行程较小，节流面积变化不均匀，节流量变化大，不易控制回压，所以筒式节流阀节流特性一般。节流阀插装阀阀座由硬质合金一次成型，具有一定的耐磨性和抗冲蚀性。阀门出口端装有耐磨衬套，防止高压液体直接腐蚀阀体。阀座安装后，悬臂长度短。故抗振功能突出。与其他节流阀相比，其整体结构更简单、更轻便、更可靠，损坏后易于维护。

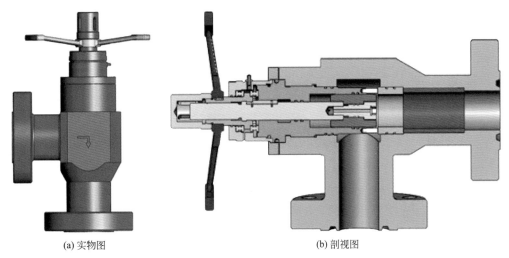

(a) 实物图　　　　　　　　　　　　(b) 剖视图

图4-6　筒式节流阀

（2）孔板式手动节流阀的主节流部分由固定阀瓣和旋转阀瓣组成，两者都是带有半圆形孔的圆盘结构。通过调节蜗轮传动装置，转向杆带动旋转阀瓣旋转，使旋转阀瓣与固定阀瓣的半圆形孔的重叠面积发生变化，实现节流。带角阀控制器的孔板阀还可以实现远程液压控制。孔板式节流阀配备旋转角度指示装置，可以更精确地控制流量。同时该阀节流量变化小，易控制回压。孔板式节流阀比筒形节流阀具有更好的节流特性，但其结构复杂、不易安装、操作扭矩大，价格较高。孔板式节流阀如图4-7和图4-8所示。

图 4-7　角阀控制器和孔板式节流阀　　　　图 4-8　孔板式节流阀阀瓣和阀芯

（3）针式节流阀也叫可调式节流阀，其阀芯为针状结构，前端呈锥形。阀芯具有良好的耐磨性和耐腐蚀性。针式节流阀锥形阀芯配合阀座实现节流，节流时有效行程长，过流面积变化均匀，节流特性好。在一定条件下，阀芯和阀座的配合可以达到密封的效果。但针式节流阀阀杆悬臂较长，使用过程中受到阀杆的垂直和侧向力，容易产生震颤，焊接的硬质合金锥头容易脱落损坏。针式节流阀适用于小排量的修井作业。针式节流阀如图 4-9所示。

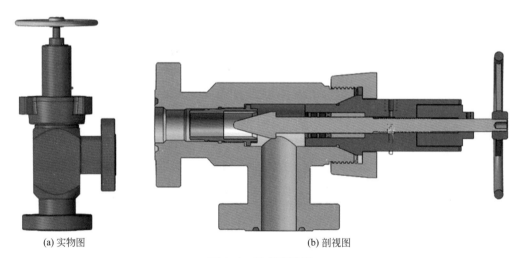

(a) 实物图　　　　　　　　　　　　　　(b) 剖视图

图 4-9　针式节流阀

目前国内某厂家根据现场需求加强技术攻关力度，研发了一种新型结构节流阀——楔形节流阀（图 4-10），该阀具有以下特点：阀座内镶嵌有硬质合金，且阀芯采用整体硬质合金，能有效经受磨损和腐蚀；采用对称的双楔形面和直阶台，可抵消阀芯受到的轴向力，减小下游流体的稳流，减小冲蚀，达到了良好的线性节流效果（图 4-11）；阀芯始终承载在阀座内孔中，减小共振，避免了阀芯过早脱落失效。该阀解决了柱塞式节流阀调节流量线性不明显的缺点，改善了针式节流阀因悬臂梁而导致振动阀芯容易脱落的问题。目前，在国内川渝、塔里木等井控高风险区块已得到应用，有较好的效果。

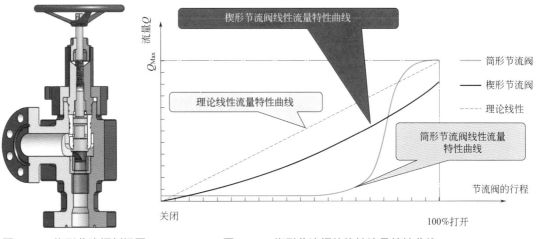

图 4-10　楔形节流阀剖视图　　　　图 4-11　楔形节流阀的线性流量特性曲线

第二节　管汇阀门的检维修操作

一、PFF 系列手动平行闸板阀的操作和维护

（一）结构特点

（1）此系列闸阀靠金属闸板与金属阀座平面之间的自由贴合，借助密封脂，并在介质的作用下实现密封。进口端（上游）密封面起作用，因而阀座和闸板承受管线压力（图 4-12、图 4-13）。

图 4-12　阀板与阀座间的密封

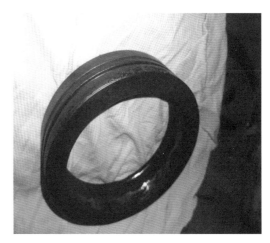

图 4-13　阀座

（2）此系列闸阀开关过程中阀杆升降，具备开关显示功能（图4-14、图4-15）。

图 4-14　阀杆升降显示

图 4-15　手／液动阀杆开关显示

（3）上下法兰和阀体采用螺栓连接（图4-16），密封环采用压力自密封垫环，密封安全可靠（图4-17）。

图 4-16　上下法兰与阀体螺栓连接

图 4-17　密封垫环

（4）闸板下部连接有导杆，避免因阀杆的升降导致阀腔压力升高和密封脂流失（图4-18、图4-19）。

图 4-18　阀板下部导杆

图 4-19　导杆

（5）上护套（图 4-20）设有专门润滑轴承的油杯，便于现场加注润滑脂，且侧面设置有排气孔，可以观察润滑脂的加注情况。为防脏物侵入，排出孔平时用 O 形密封圈盖住（图 4-21）。

图 4-20　上护套

黄油嘴

防尘圈

排气孔

螺钉孔

图 4-21　黄油嘴、排气孔、防尘圈、螺钉孔

（6）阀体采用整体模锻制造，无任何焊接，结构强度高（图 4-22）。

图 4-22 阀体整体模锻

（二）操作说明

1. 关闭闸阀

顺时针旋转手轮，直至闸板下端顶住下法兰，此时闸阀完全关闭，然后逆时针旋转手轮 1/4 ～ 1/2 圈以达到最佳密封效果。齿轮驱动比一般是 4：1，伞齿轮有间隙、空转等原因，带省力机构的回转 1.5 ～ 2 圈，也就是手轮转 4 圈，阀杆转 1 圈。不同厂家齿轮驱动比不一样。

冬季对套管头、油管头注塑时，必须使用冬季专用的塑料密封脂。

2. 开启闸阀

逆时针旋转手轮，直至阀杆倒密封面（图 4-23）顶住上法兰倒密封面（图 4-24），此时闸阀完全开启，然后顺时针转动手轮 1/4 圈以释放阀杆上的应力。

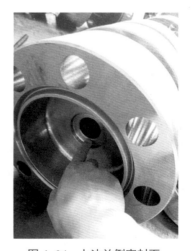

图 4-23 阀杆倒密封面   图 4-24 上法兰倒密封面

3. 注意事项

（1）闸阀通常应处于完全关闭或完全开启的状态，即闸板工作状态只能为全开或全关。部分开启闸板会使闸阀处于节流状态从而损伤闸板。

（2）操作过程中，当闸板接近行程终点时，应避免旋转手轮速度过快而损伤闸阀零部件。

（3）闸阀手轮应避免作为起重吊点。

（三）总装图及爆炸图

PFF 系列闸阀总装图如图 4-25 所示。

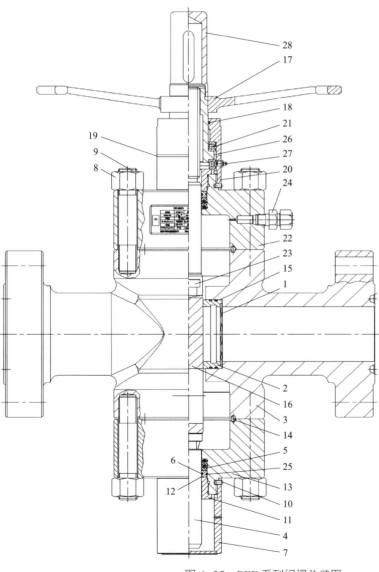

序号	名称	数量
1	波形弹簧	2
2	阀座	2
3	阀体	1
4	导杆	1
5	密封环	4
6	O形密封圈	2
7	下护套	1
8	螺母	16
9	螺柱	16
10	内六角锥端紧定螺钉	2
11	压盖	2
12	压环	2
13	下法兰	1
14	垫环	2
15	O形密封圈	4
16	闸板	1
17	手轮	1
18	O形密封圈	1
19	O形密封圈	1
20	上护套	1
21	推力球轴承	2
22	上法兰	1
23	阀杆	1
24	单向阀	1
25	O形密封圈	2
26	阀杆螺母	1
27	直通式压注油杯	1
28	压紧螺母	1

图 4-25　PFF 系列闸阀总装图

PFF 系列闸阀爆炸图如图 4-26 所示。

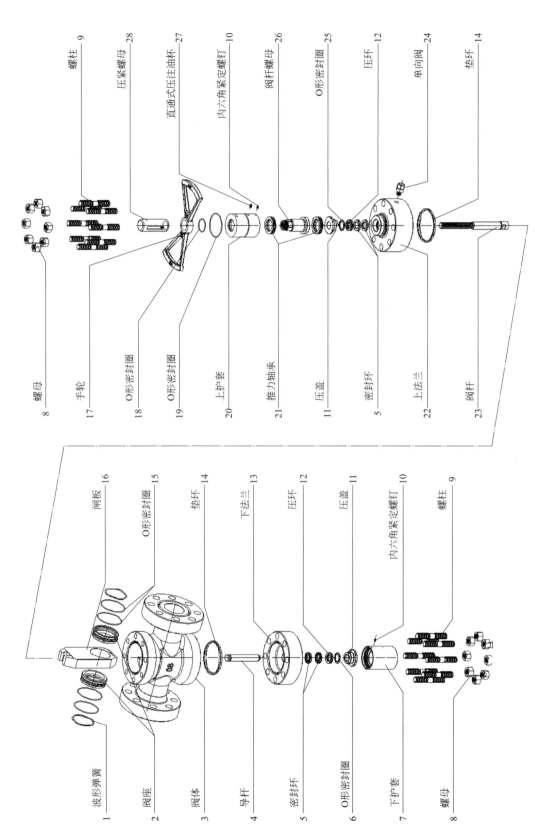

图 4-26 PFF 系列闸阀爆炸图

（四）闸板和阀座的更换

（1）将闸阀与管线压力隔离，并通过黄油嘴（单向阀）卸掉阀腔压力（图4-27、图4-28）。

图4-27　黄油嘴　　　　　　　　　　　　　　图4-28　注脂阀

（2）卸下闸阀两端法兰上的螺栓、螺母，将闸阀从管线中拆下（图4-29）。

图4-29　拆卸闸阀两端法兰的连接螺栓、螺母

（3）卸下上法兰上的螺母（图4-30）。

图4-30　拆卸上法兰的螺栓、螺母

（4）将阀座安装工具从闸阀一侧过水孔伸入，通过调节螺母A和螺母B将顶销卡入阀座内圈的凹槽中，继续旋转螺母B，将波形弹簧压缩，另一侧操作同上。

注：阀座安装工具在进行旧阀门拆卸阀座时，由于阀座、壳体间存在钻井液等杂质，长时间凝固黏结在一起或锈蚀，其内部核心零部件——顶销的机械性能要足够强，否则在拉拔阀座时极易造成顶销折断。现场阀座拆装图及阀座拆装工具如图4-31至图4-35所示。

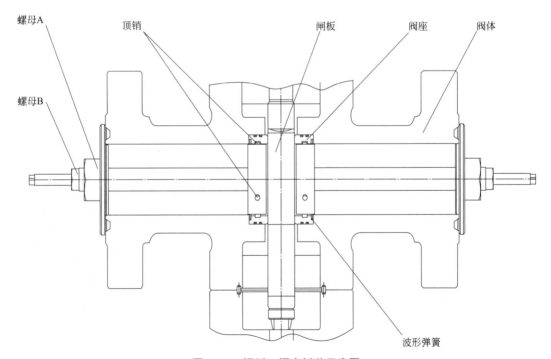

图4-31　闸板、阀座拆装示意图

图 4-32 阀座拆装工具（俗称拉拔器）

图 4-33 现场阀座拆装

图 4-34 卡入阀座凹槽的顶销

图 4-35 折断的顶销

（5）拆下上法兰，缓慢拉出闸板。如拉出闸板困难，重复（4）操作后再进行本操作，以免划伤闸板或阀座密封面（图 4-36、图 4-37）。

图 4-36　拆下上法兰，拿出阀板

图 4-37　阀板

（6）卸下阀座安装工具，取出垫环、阀座及波形弹簧（图 4-38）。

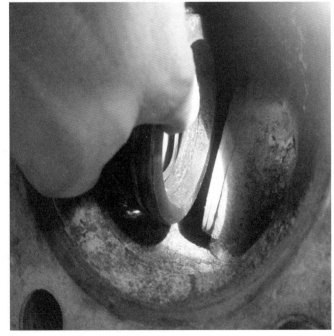

图 4-38　取放阀座及密封 O 形圈、波形弹簧

（7）用适当的清洁剂将阀腔冲洗干净（图 4-39、图 4-40）。

图 4-39 清洗阀腔   图 4-40 查看清理阀腔内部

（五）闸板、阀座及其他零部件的检验

（1）检查闸板、阀座的密封面，如有损伤，应进行更换（图 4-41、图 4-42）。

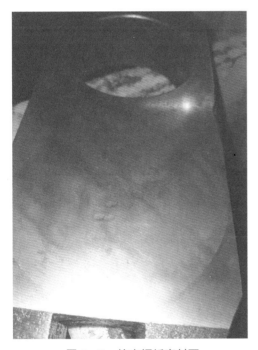

图 4-41 检查阀板密封面   图 4-42 检查阀座密封面

（2）检查垫环、O 形密封圈、波形弹簧，如变形或表面损伤应进行更换（图 4-43）。

（六）闸板和阀座的安装

（1）检查阀体密封槽端面、阀腔阀座孔、上法兰密封面、闸板、阀座、垫环、O形密封圈、波形弹簧，保证表面干净、无任何异物（比如砂粒、金属碎屑等）。并在它们的密封表面涂抹一层密封脂（图4-44、图4-45）。

（2）将O形密封圈安装到阀座的密封槽内（图4-46）。

图4-43　检查阀座波形弹簧、O形密封圈

图4-44　检查闸板、阀座等

图4-45　检查阀体、阀腔等

图4-46　安装阀座O形密封圈

（3）将波形弹簧安装到阀座的端面槽内（图4-47）。

图 4-47　波形弹簧

（4）将阀座安装于阀腔阀座孔内，带波形弹簧的端面与阀体接触（图 4-48、图 4-49）。

图 4-48　待组装的阀座、O 形圈、波形弹簧　　　图 4-49　阀座带波形弹簧的一侧与阀体接触

（5）进行"（四）闸板和阀座的更换"中（4）的操作。

（6）将垫环放入阀体密封槽中，阀腔填充适量密封脂（图 4-50、图 4-51）。

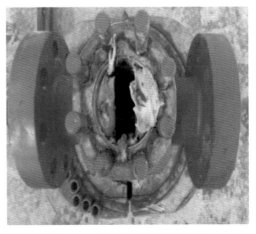

图 4-50　阀盖密封垫环　　　　　　　　　　图 4-51　阀腔填充适量密封脂

（7）将闸板与阀杆连接（图4-52）。

（8）提起上法兰将闸板置于两个阀座之间的空腔中，同时调整上法兰注脂孔方向与过孔方向平行。如闸板下降不顺畅，提起上法兰，重复"（四）闸板和阀座的更换"中（4）的操作后再进行本操作，以免划伤闸板或阀座密封面（图4-53、图4-54）。

图4-52 阀板和阀杆连接

图4-53 提起上法兰

图4-54 阀板置于两阀座空腔中

（9）将阀盖螺栓孔与阀体连接螺栓对齐，同时逆时针旋转手轮将闸板提起，确保闸板与阀体底部不接触（图4-55、图4-56）。

图4-55 阀盖螺栓孔与阀体连接螺栓对齐

图4-56 逆旋手轮提起闸板

（10）安装并均匀拧紧上法兰上的螺母（图 4-57、图 4-58）。

图 4-57　安装上法兰　　　　　　　　　图 4-58　上紧上法兰螺母

（11）开关闸阀数次，确保安装正确，开关灵活。并按 API Spec 6A 标准要求进行密封试验，试验合格后阀腔加满密封脂。

（12）进行手动平行闸板阀静压试验，实验内容如表 4-1 所示。

表 4-1　手动平行闸阀静压试验内容表

试验项目	试验内容	依据标准	验收准则	试验结果
	PSL3、PSL3G			
阀座静水压试验	阀应以额定工作压力施加于闸板或旋塞的每一侧，另一侧通大气，在两个方向试验。闸板或旋塞的每一侧，至少试 3 次，第一次保压至少 3min，第二次和第三次保压至少 15min。在各保压周期之间，应将压力降到 0（每次保压后阀应在满压差下开启）	API Spec 6A 7.4.9.5.6 API Spec 6A 7.4.9.4.5	在任一保压期间，阀不应有可见的渗漏	见自动试验记录仪
	PSL3G			
阀座气压试验	装置完全浸没在水中，气体压力分别作用于双向阀闸板或旋塞的每一侧，另一侧通大气环境。一次试验压力为额定工作压力，监测保压时间 15min，降压至 0；阀应完全开启和完全关闭一次。二次试验压力为 2.0MPa（1±10%），监测保压时间 15min，降压至 0	API Spec 6A 7.4.9.5.8	在保压期间，水池内无可见气泡，气压降不超过 2MPa	见自动试验记录仪

（七）轴承的拆卸

（1）将闸阀与管线压力隔离，并通过黄油嘴（单向阀）卸掉阀腔压力。

（2）卸下压紧螺母，取下手轮（图4-59、图4-60）。

图4-59　卸下压紧螺母

图4-60　取下手轮

（3）卸下内六角紧定螺钉（图4-61）。

图4-61　卸下内六角紧定螺钉

（4）将上护套旋松后卸下（图4-62、图4-63）。

图 4-62 旋松上护套

图 4-63 上护套及紧固螺钉

（5）卸下轴承及阀杆螺母（图 4-64）。

图 4-64 卸下轴承、阀杆螺母

（八）轴承及其他零部件的检验

（1）检查轴承，如表面有凹痕、损伤应进行更换（图 4-65）。

（2）检查阀杆螺母与轴承和阀杆的接触部位，如有损伤应进行更换（图4-66、图4-67）。

（3）检查内六角紧定螺钉的螺纹及内六方部位，如有损伤应进行更换（图4-68）。

图4-65　检查轴承

图4-66　检查阀杆螺母、轴承和阀杆接触部位

图4-67　检查阀杆上部分

图4-68　内六角紧定螺钉

（九）轴承的安装

（1）检查压紧螺母、轴承、阀杆螺母、内六角紧定螺钉，保证表面干净、无任何异物（如砂粒、金属碎屑等）（图4-69、图4-70）。

图4-69 检查压紧螺母

图4-70 检查阀杆螺母

（2）将阀杆和阀杆螺母的螺纹部位分别涂抹润滑脂（图4-71、图4-72）。

图4-71 阀杆涂抹润滑脂

图4-72 阀杆螺母涂抹润滑脂

（3）将轴承涂抹润滑脂装入阀杆螺母的上部和下部，轴承与阀杆螺母为过盈连接，安装时允许用铜棒轻敲（图 4-73）。

（4）将阀杆螺母套入阀杆后旋转至轴承与压盖重合即可。

（5）将上护套套入阀杆螺母拧紧，保证护套下端 M8 紧定螺纹孔与上护套螺纹退刀槽平齐（图 4-74、图 4-75）。

图 4-73　轴承涂抹润滑脂

图 4-74　上紧上护套

图 4-75　紧定螺纹孔与紧定螺钉

（6）安装内六角紧定螺钉、手轮及压紧螺母（图 4-76、图 4-77）。

图 4-76　安装内六紧定螺钉

图 4-77　安装手轮及压紧螺母

（7）操作手轮，使闸阀全开。

（8）从上护套油杯注入润滑脂，直至对侧润滑脂排出孔溢出润滑脂（图 4-78、图 4-79）。

图 4-78 上护套油杯

图 4-79 润滑脂加注满溢出

（十）黄油嘴（单向阀）的更换

（1）将闸阀与管线压力隔离，并通过黄油嘴（单向阀）卸掉阀腔压力。

（2）卸下黄油嘴（单向阀）（图 4-80、图 4-81）。

图 4-80 上护套及黄油嘴

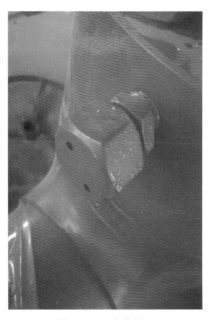

图 4-81 注脂阀

（3）安装新的黄油嘴（单向阀）（图4-82、图4-83）。

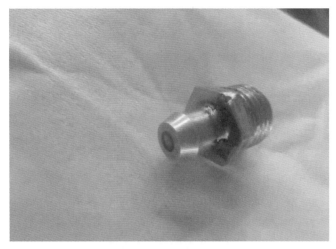

图4-82　新的黄油嘴

图4-83　注脂阀帽及阀体

（十一）阀杆密封件的更换

（1）阀杆密封件的拆卸：

① 将闸阀与管线压力隔离，并通过黄油嘴（单向阀）卸掉阀腔压力。

② 卸下压紧螺母，取下手轮。

③ 卸下上护套上的内六角紧定螺钉。

④ 将上护套旋松后卸下。

⑤ 卸下阀杆螺母及轴承。

⑥ 卸下密封压盖（图4-84、图4-85）。

图4-84　密封压盖

图4-85　密封压盖安装时涂抹适量润滑脂

⑦卸下上法兰上的螺母，取下上法兰。

⑧卸下下护套上的内六角紧定螺钉。

⑨将下护套旋松后卸下。

⑩卸下密封压盖。

（2）将下法兰上的螺母卸下，提出下法兰（图4-86、图4-87）。

图4-86　卸下法兰螺栓

图4-87　提出下法兰

（3）拆出上下法兰的阀杆密封件（图4-88、图4-89）。

图4-88　填料密封组合

图4-89　填料密封检查

（十二）阀杆密封件的安装

（1）检查阀杆密封件、阀杆和导杆外圆密封及螺纹表面、上下法兰内外螺纹、上下法兰密封腔、密封压盖螺纹、上下护套内螺纹、阀杆螺母、轴承、上下法兰及阀体法兰密封面、内六角紧定螺钉、垫环，保证无损伤且没有任何异物黏附（如砂粒、金属碎屑等）（图4-90、图4-91、图4-92、图4-93）。

图4-90　检查阀腔

图4-91　检查上法兰、密封压盖、护套、填料

图4-92　检查阀杆及螺纹

图4-93　检查阀杆螺母及轴承

（2）在阀杆螺母螺纹、上下护套内螺纹、阀杆和导杆外圆密封表面及螺纹、上下法兰内外螺纹及密封腔、上下法兰及阀体法兰密封面、密封压盖螺纹处涂抹一层润滑脂（图4-94、图4-95、图4-96）。

（3）将垫环涂抹一层润滑脂放入阀体垫环槽中。

（4）安装上法兰，注意调整上法兰注脂孔方向与过孔方向平行。

（5）安装并均匀拧紧上法兰上的螺母。

（6）将阀杆密封件涂抹一层润滑脂后套入阀杆，并压入上法兰密封腔内。

（7）安装并拧紧上法兰上的密封压盖。

（8）将轴承涂抹润滑脂放入阀杆螺母的上部和下部。轴承与阀杆螺母为过盈连接，安装时允许用铜棒轻敲。

图 4-94　护套内螺纹及轴承
涂抹润滑脂

图 4-95　阀杆、上法兰外螺纹
涂抹润滑脂

图 4-96　上法兰内外螺纹及密封
腔、填料等涂抹润滑脂

（9）将阀杆螺母套入阀杆后旋转至轴承与压盖重合即可。

（10）将上护套套入阀杆螺母拧紧，保证护套下端 M8 紧定螺纹孔与上法兰螺纹退刀槽平齐。

（11）安装内六角紧定螺钉、手轮及压紧螺母。

（12）将垫环涂抹一层润滑脂放入下法兰垫环槽中。

（13）安装下法兰并均匀拧紧法兰上的螺母。

（14）将阀杆密封件涂抹一层润滑脂后套入导杆，并压入下法兰密封腔内。

（15）安装并拧紧下法兰上的密封压盖。

（16）安装并拧紧下护套，保证护套上端 M8 紧定螺纹孔与下法兰螺纹退刀槽平齐。

（17）安装内六角紧定螺钉。

（18）开关闸阀数次，确保安装正确，开关灵活。按 API Spec 6A 标准要求进行密封试验，试验合格后阀腔加满密封脂，从上护套油杯注入润滑脂，直至对侧润滑脂排出孔溢出润滑脂。

（十三）日常维护和保养

1. 推力轴承润滑

（1）日常应根据使用情况通过经常润滑推力轴承来使闸阀保持良好的工况。

（2）润滑脂的选用：推荐使用锂基润滑脂，-18℃以下连续作业应选用轴承低温润滑脂。

（3）润滑方法：将黄油枪接头与油杯连接，泵入润滑脂，直至另一侧润滑脂排出孔渗出清洁的润滑脂。

2. 阀腔润滑

（1）闸阀应在每次上井后清洗干净，并重新加满密封脂，以润滑闸板和阀座，保证密封的可靠性。每运转10个操作循环加注密封脂1次，每个操作循环为全开全关闸阀1次。维护周期可以在保证闸阀密封可靠的前提下，根据通过的流体和井况灵活调整。

（2）密封脂的选用：推荐使用SC-PU密封脂，-29℃以下连续作业应选用低温密封脂。

（3）润滑方法：卸下上法兰侧面黄油嘴（单向阀）上的阀帽，将注脂枪接头与黄油嘴（单向阀）主体连接，泵入适量密封脂。密封脂泵入量见表4-2注脂数据表。

（4）如果闸阀在水泥、酸化液或者其他特殊工况下使用，则必须先润滑阀腔，之后在管线中加注中性液体冲洗闸阀，然后在管线中加注清水或中性液体的情况下运行闸阀。最后，再次润滑阀腔。

表4-2　注脂数据表

公称通径 mm（in）	工作压力 MPa（psi）	所需密封脂体积 L	所需密封脂质量 kg	注脂枪近似行程 mm
52（2¹⁄₁₆）	21（3000）	0.69	0.6	549
65（2⁹⁄₁₆）	21（3000）	0.80	0.7	637
79（3⅛）	21（3000）	1.38	1.2	1099
103（4¹⁄₁₆）	21（3000）	2.07	1.8	1648
52（2¹⁄₁₆）	35（5000）	0.69	0.6	549
65（2⁹⁄₁₆）	35（5000）	0.80	0.7	637
79（3⅛）	35（5000）	1.38	1.2	1099
103（4¹⁄₁₆）	35（5000）	2.07	1.8	1648
52（2¹⁄₁₆）	70（10000）	0.69	0.6	549
65（2⁹⁄₁₆）	70（10000）	0.80	0.7	637
78（3¹⁄₁₆）	70（10000）	1.72	1.5	1369
103（4¹⁄₁₆）	70（10000）	2.18	1.9	1736
52（2¹⁄₁₆）	105（15000）	—	—	—
65（2⁹⁄₁₆）	105（15000）	1.03	0.9	820
78（3¹⁄₁₆）	105（15000）	1.84	1.6	1465
103（4¹⁄₁₆）	105（15000）	2.87	2.5	2285

注：密封脂注入量为参考值，可根据实际情况进行调整。

（十四）运输和储存

（1）运输前，裸露的金属表面应涂上在50℃（122℉）以下不会变成流体的防锈层，并加装保护罩。

（2）闸阀应存放于干燥、阴凉的场所，应避免存放于气温低于-5℃的场所，不宜受阳光直接暴晒。

（3）长期放置未使用的阀门，至少一年保养一次，橡胶密封件保存期限一般为两年。

（十五）常见故障处理

闸阀常见的故障与排除如表 4-3 所示。

表 4-3　闸阀常见的故障与排除

常见故障	原因分析	采取措施
闸板阀座泄漏	闸板阀座损坏； 手轮未反转； O 形密封圈损伤	更换闸板阀座； 手轮反转 1/4 ～ 1/2 圈； 更换 O 形密封圈
阀杆密封泄漏	阀杆密封损坏； 阀杆损伤； 上下法兰密封腔内壁损伤	更换阀杆密封； 更换阀杆； 更换或修复上下法兰
注脂单向阀泄漏	注脂单向阀损坏	更换注脂单向阀
手轮转动困难	推力轴承润滑不良； 推力轴承锈蚀或损坏； 阀杆螺纹润滑不良； 阀腔内有泥沙； 阀杆螺母或阀杆螺纹损伤	加注润滑脂； 更换推力轴承； 加注润滑脂； 清洗阀腔； 更换阀杆螺母或阀杆

二、JF/YJF 系列筒形节流阀的操作和维护

（一）结构特点

（1）JF 代表手动节流阀，YJF 代表液动节流阀。

（2）此系列节流阀通过调节阀芯与阀座的相对位移来改变过流面积，以达到控制系统压力和流量的目的。节流阀不能用作关闭（截止）阀。

（3）阀芯和阀座采用钨钴硬质合金材料（YG6），抗弯强度、冲击韧性及耐磨性较好。

（4）阀芯和阀座采用筒式对称设计，可以调转方向使用，寿命延长一倍。

（5）上护套设有专门润滑轴承的油杯，便于现场加注润滑脂，且侧面设置有排气孔，可以观察润滑脂的加注情况。为防脏物侵入，排出孔平时用 O 形密封圈盖住。

（6）手动节流阀：顺时针旋转手轮，节流面积减小，阀门趋向关闭；逆时针旋转手轮，节流面积增大。

（7）液动节流阀：将液控箱面板上的换向阀扳向"关"位，节流面积减小，阀门趋向关闭；将液控箱面板上的换向阀扳向"开"位，节流面积增大。

（二）总装图及爆炸图

JF/YJF 系列筒形节流阀总装图及爆炸图如图 4-97 至图 4-100 所示。

序号	代号	数量
1	阀体	1
2	耐磨衬筒	2
3	阀座	1
4	O形密封圈	2
5	顶杆	2
6	连接螺栓	1
7	O形密封圈	2
8	阀芯	1
9	O形密封圈	2
10	挡阀Ⅱ	2
11	O形密封圈	2
12	O形密封圈	2
13	阀盖	1
14	十字槽沉头螺钉	2
15	导向型平键	1
16	阀杆	1
17	挡圈	1
18	内六角圆柱头螺钉	2
19	推力球轴承	2
20	阀杆螺母	1
21	O形密封圈	1
22	直通式压注油杯	1
23	上护套	1
24	O形密封圈	1
25	手轮	1
26	平键	1
27	保护罩	1

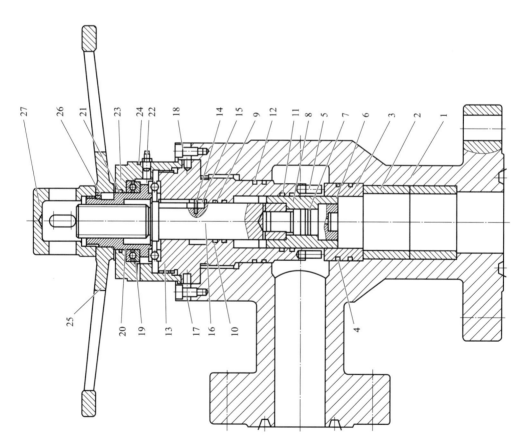

图 4-97　JF 系列节流阀总装图

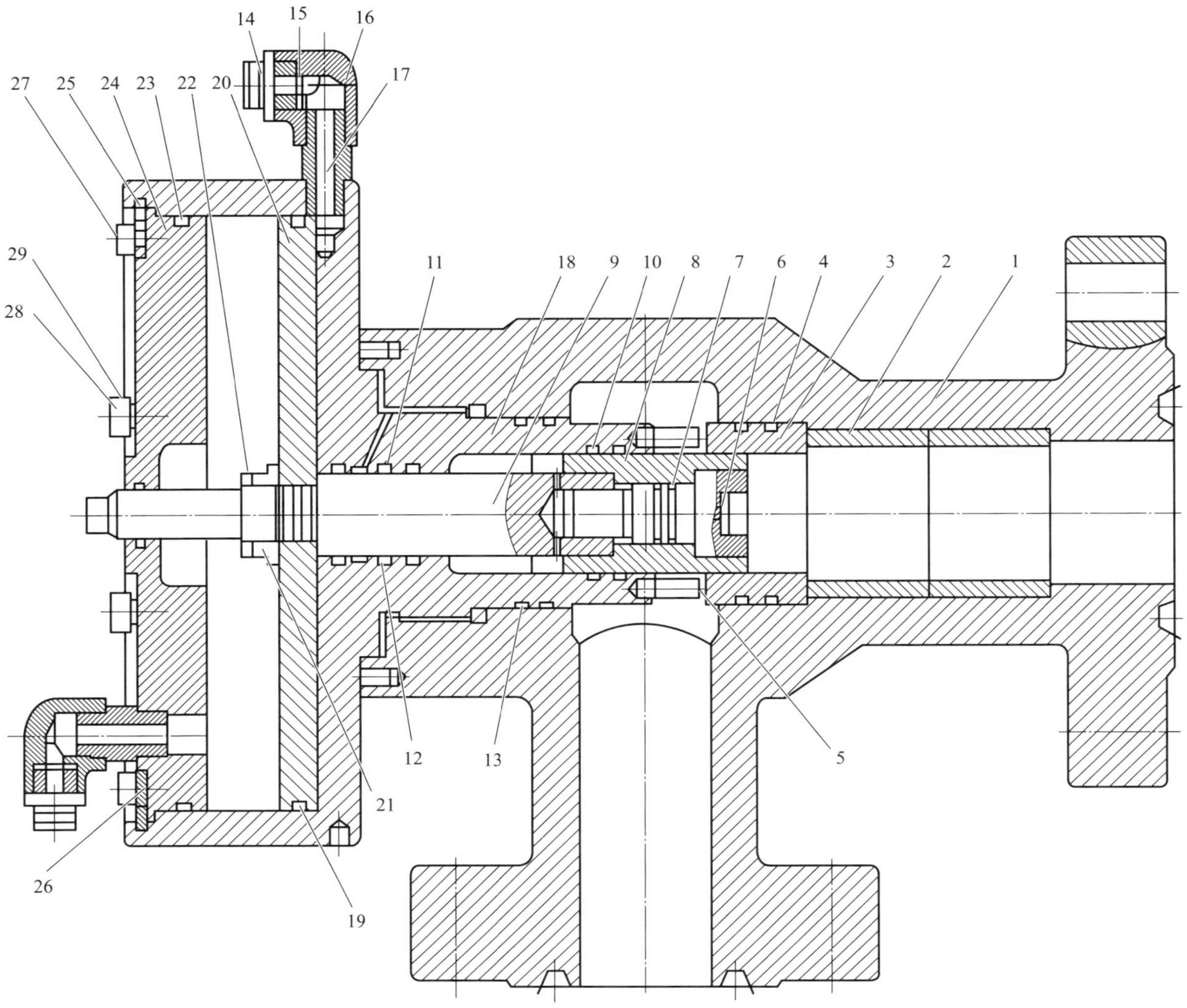

图 4-98　YJF 系列节流阀总装图

序号	代号	数量
1	阀体	1
2	耐磨衬筒	2
3	阀座	1
4	O形密封圈	2
5	顶杆	2
6	阀座	1
7	O形密封圈	4
8	阀芯	1
9	阀杆	1
10	O形密封圈	2
11	O形密封圈	3
12	挡阀Ⅱ	2
13	O形密封圈	2
14	快速低头	2
15	密封垫环	2
16	弯头	2
17	短节	2
18	缸体	1
19	O形密封圈	1
20	活塞	1
21	螺母	1
22	锁紧螺母	1
23	O形密封圈	1
24	缸盖	1
25	挡圈Ⅰ	1
26	挡环	1
27	内六角圆柱头螺钉	4
28	内六角圆柱头螺钉	4
29	弹簧垫圈	4

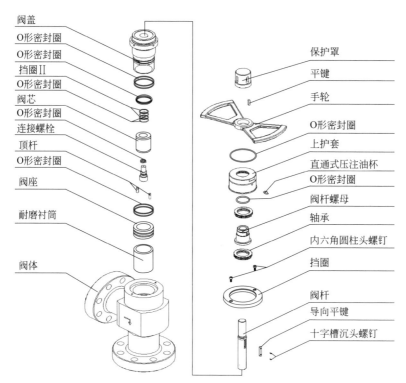

图 4-99　JF 系列节流阀爆炸图

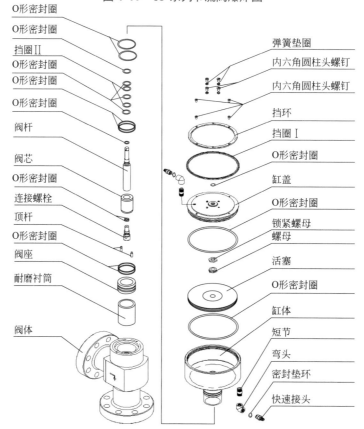

图 4-100　YJF 系列节流阀爆炸图

（三）手动节流阀的拆装流程

1. 轴承的拆卸

（1）将节流阀与管线压力隔离。

（2）卸下保护罩，取下手轮及平键。

（3）拧下阀体端部的内六角圆柱头螺钉，取下挡圈。

（4）旋松并卸下上护套。

（5）卸下阀杆螺母及轴承。

2. 阀芯、阀座、阀杆的拆卸

（1）逆时针旋转阀盖 10 圈左右，取出阀盖。

（2）卸下连接螺栓，取下阀芯。

（3）从阀盖中取出阀杆，卸下十字槽沉头螺钉及导向平键。

（4）将节流阀阀座取出工具伸入阀体。

（5）调节螺母，使定位套端面与阀座端面贴合。

（6）调节螺母，使定位盘与阀体端部贴合。

（7）顺时针旋转手柄，胀块将卡住阀座后端面，继续操作，取下阀座。

（8）用适当的清洗剂将阀腔冲洗干净。

JF/YJF 系列节流阀阀座拆卸示意图见图 4-101。

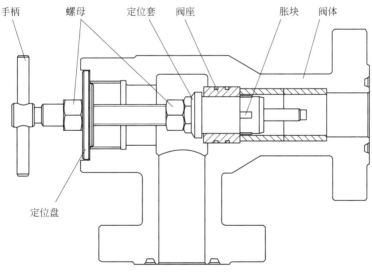

图 4-101 JF/YJF 系列节流阀阀座拆卸示意图

3. 零部件的检验

（1）检查轴承、阀芯、阀座、耐磨衬筒、阀杆、阀盖、阀杆螺母、连接螺栓和 O 形密封圈，如表面有凹痕或密封面有损伤应进行更换。

（2）检查保护罩、油杯、螺钉、挡圈、平键和顶杆，如锈蚀严重或表面有缺陷应进行更换。

4. 阀芯、阀座、阀杆的安装

（1）检查阀盖、阀芯、阀座、耐磨衬筒、阀杆、连接螺栓、O形密封圈及其他零部件，保证表面干净、无任何异物（比如砂粒、金属碎屑等），并在它们的密封表面涂抹一层润滑脂。

（2）将O形密封圈安装到阀座的密封槽内。

（3）安装耐磨衬筒，将阀座安装入阀体，用木棒轻敲阀座，使阀座与耐磨衬筒贴紧。

（4）将O形密封圈和挡圈安装到阀盖的内外密封槽内。

（5）将导向平键及十字槽沉头螺钉装入阀杆导向槽。

（6）将阀杆伸入阀盖，使导向键卡入阀盖导向槽。

（7）将O形密封圈装入连接螺栓的密封槽内。

（8）将阀芯套入阀杆，安装连接螺栓。

（9）将阀盖伸入阀体并拧紧。

5. 轴承的安装

（1）检查保护罩、轴承、阀杆螺母、O形密封圈，保证表面干净、无任何异物（如砂粒、金属碎屑等）。

（2）将阀杆和阀杆螺母的螺纹部位分别涂抹润滑脂。

（3）将轴承涂抹润滑脂装入阀杆螺母的上部和下部，轴承与阀杆螺母为过盈连接，安装时允许用铜棒轻敲。

（4）将阀杆螺母套入阀杆后旋转至轴承与阀盖端部贴合即可。

（5）将O形密封圈装入上护套的密封槽内。

（6）将上护套套入阀杆螺母拧紧。

（7）将挡圈套入上护套，保证挡圈2个$\phi 9$孔与阀体2个M8螺纹孔对齐。

（8）安装内六角紧定螺钉、手轮、平键及保护罩。

（9）操作手轮3个循环，确保安装正确，动作无卡阻。

（10）从上护套油杯注入润滑脂，直至对侧润滑脂排出孔溢出润滑脂。

（11）操作手轮3个循环，确保安装正确，动作无卡阻。按API Spec 16C标准要求进行静水压试验。

（12）进行节流阀静压试验，如表4-4所示。

表4-4 节流阀静压试验内容表

试验项目	试验内容	依据标准	验收准则	试验结果
阀座静水压试验	阀打开，阀座孔从下游用专用盲堵封堵。下游接试压系统，上游敞开通大气。保压5min，降压至0	API Spec 16C 7.5.5.2	在任一保压期间，阀不应有可见的渗漏	见自动试验记录仪

（四）液动节流阀的拆装流程

1. 阀位变送器的拆卸

卸下缸盖顶部的内六角圆柱头螺钉，取下阀位变送器。

2. 阀芯、阀座的拆卸

（1）逆时针旋转缸体10圈左右，取下缸体。

（2）卸下连接螺栓，取下阀芯。

（3）将节流阀阀座取出工具伸入阀体。

（4）调节螺母，使定位套端面与阀座端面贴合。

（5）调节螺母，使定位盘与阀体端部贴合。

（6）顺时针旋转手柄，胀块将卡住阀座后端面，继续操作，取下阀座。

（7）用适当的清洗剂将阀腔冲洗干净。

3. 缸盖、活塞、阀杆的拆卸

（1）卸下快速接头及弯头。

（2）卸下缸体内边缘的内六角圆柱头螺钉，取下挡环、挡圈Ⅰ和缸盖。

（3）用木棒伸入缸体小端轻敲阀杆端部，取下活塞、阀杆。

（4）卸下锁紧螺母及螺母。

4. 零部件的检验

（1）检查缸体内壁、活塞、缸盖、阀芯、阀座、耐磨衬筒、阀杆、连接螺栓和O形密封圈，如表面有凹痕或密封面有损伤应进行更换。

（2）检查快速接头、弯头、螺钉、挡圈、挡环和顶杆，如锈蚀严重或表面有缺陷应进行更换。

5. 缸盖、活塞、阀杆的安装

（1）检查缸体、快速接头、弯头、缸盖、活塞、阀杆、锁紧螺母、螺母及O形密封圈，保证表面干净、无任何异物（如砂粒、金属碎屑等）。

（2）将缸体内壁、缸盖外圆、活塞外圆、O形密封圈、阀杆的密封部位分别涂抹润滑脂。

（3）将O形密封圈、挡圈装入缸体和活塞的密封槽内，并将活塞装入缸体。

（4）将O形密封圈装入缸盖和阀杆的密封槽内。

（5）将阀杆从缸体小端伸入，穿过活塞。

（6）安装螺母和锁紧螺母。

（7）安装缸盖，使缸盖端面阶台与缸体贴合。

（8）将挡圈Ⅰ卡入缸体的挡圈槽。

（9）安装挡环、内六角圆柱头螺钉。

6.阀芯、阀座的安装

（1）检查阀芯、阀座、耐磨衬筒、连接螺栓、O形密封圈等零部件，保证表面干净、无任何异物（比如砂粒、金属碎屑等），并在它们的密封表面涂抹一层润滑脂。

（2）将O形密封圈安装到阀座的密封槽内。

（3）安装耐磨衬筒，将阀座安装入阀体，用木棒轻敲阀座，使阀座与耐磨衬筒贴紧。

（4）将O形密封圈装入连接螺栓的密封槽内。

（5）将阀芯套入阀杆，安装连接螺栓。

（6）将缸体伸入阀体并用钩形扳手拧紧。

（7）安装短节、快速接头、弯头。

（8）安装阀位变送器，校准开度。

（9）连接液控管线操作3个循环，确保安装正确，动作无卡阻。按API Spec 16C标准要求进行静水压试验。

（五）常见故障处理

JF/YJF系列筒形节流阀常见故障及处理措施见表4-5。

表4-5　JF/YJF系列筒形节流阀常见故障及处理措施

常见故障	原因分析	采取措施
压力和流量异常波动	阀芯阀座损坏； 阀芯脱落	更换阀芯阀座； 检查阀芯阀座
阀杆密封泄漏	阀杆密封损坏； 阀杆损伤	更换阀杆密封； 更换阀杆
液缸漏油	密封圈损伤	更换相应部位密封圈
手轮转动困难	推力轴承润滑不良； 推力轴承锈蚀或损坏； 阀杆螺纹润滑不良； 阀腔内有泥沙； 阀杆螺母或阀杆螺纹损伤	加注润滑脂； 更换推力轴承； 加注润滑脂； 清洗阀腔； 更换阀杆螺母或阀杆

三、压井管汇单流阀的维修操作

压井管汇主要由单流阀、平板阀、压力表、三通或四通组成。这里主要介绍的是单流阀。单流阀（图4-102至图4-105）采用盘形阀芯，利用弹簧力使阀芯复位并压在阀座上。当流体顺着标志箭头流动时，液体克服弹簧力推动阀芯，从而打开阀门，让流体通过。反之则流体压力和弹簧力同时压紧阀芯，使之密封。钻井液从单流阀低口进入、高口输出，井内流体不会沿单流阀流出。阀芯和阀座采用柱形弹簧推压，使密封面产生一定的预紧力以保证低压密封。高压密封借助介质的压力在密封面上产生较高的比压，从而实现自密封。

单流阀的使用注意事项:

（1）单流阀是一种在水平管线中安装使用的自洁式阀门，安装时，阀上箭头所指为流体流动方向。

（2）安装时，应保证阀盖螺栓螺母拧紧，安装完毕后，按箭头指向施加液压，以便证明其畅通。

（3）在使用中，单流阀不需从高压管线中移出就能进行日常维修。维修时应把此阀和高压管线中的压力隔开。

图 4-102　单流阀

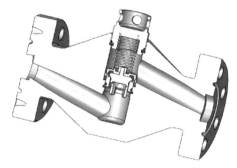

图 4-103　单流阀结构图

图 4-104　单流阀组件

图 4-105　阀体

第三节　节流管汇控制箱的使用调试与维护保养

液动节流管汇控制箱按油泵动力分为气动液压泵和电动液压泵两种，对于具体的不同压力级别、不同厂家的节流管汇控制箱（以下简称节控箱）的操作使用与安装，请参照厂家的说明书。

以下主要以沈阳鑫榆林石油机械有限公司生产的气动液压泵节控箱为例进行介绍。

一、液动节控箱简介

液动节控箱预先制备高压油，储备在蓄能器中。使用时通过操作节流管汇控制箱三位四通手动换向阀控制节流阀的开启度，并能够在控制面板上显示立管压力、套管压力及液动节流阀的阀位开启度。如果现场气源一旦中断，利用蓄能器的能量维持液动节流阀开、关一次。当还要对节流阀进行开、关操作时，关闭蓄能器截止阀，用手动泵来维持液动节流阀的操作。液动节控箱是成功控制井涌、井喷，实施油气井压力控制技术所必备的控制装置（图 4-106、图 4-107）。

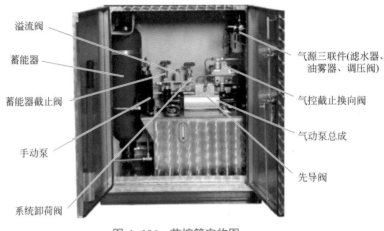

图 4-106　节控箱实物图

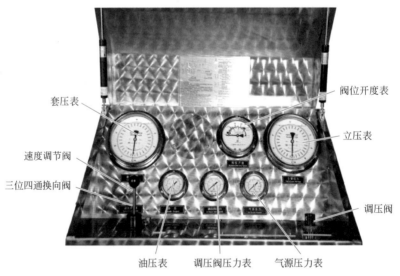

图 4-107　节控箱面板

二、液动节控箱的使用及调试

（一）液压系统调试

（1）气源供给：连接气源管线，盘面上气源压力表显示的压力值即是外接气源压力。

（2）系统排空：打开蓄能器截止阀（该阀属于常开阀，出厂时为打开状态）；打开系统泄荷阀（该阀属于常闭阀，出厂时为关闭状态）；调节控制面板上的调压阀，气动液压泵启动，此时系统液压油在打循环，排出管路中的空气。

（3）溢流阀：控制筒式节流阀的液动节流管汇控制箱出厂设置为 4.2MPa，控制孔板式节流阀的液动节流管汇控制箱出厂设置为 8.4MPa。

（4）气动液压泵调试：将系统泄荷阀关闭，调节调压阀，压力调至 0.5MPa 左右，此时系统升压，见盘面上系统油压表，当压力达到 3MPa 时，气动泵自行停止工作。当系统油压降低，气动泵可自行启动补充压力，保持其额定工作压力状态。

（5）系统压力调节：系统油压是通过调节调压阀输出气源压力来实现的，系统油压可在 0～8MPa 任意调节。对于控制筒式节流阀，系统油压要求为 0～3MPa，对于控制孔板式节流阀，系统油压要求为 0～6MPa。

（二）孔板节流阀驱动器输入气源压力调节

将控制箱内右侧上方调压阀的输出压力调至 0.35MPa，供阀位变送器信号传输。

（三）孔板节流阀驱动器的安装调试

（1）孔板节流阀驱动器的安装：用安装框架和过渡接头将孔板阀驱动器、孔板式节流阀法兰和阀杆连接起来，再将油路管线和气路管线按标牌标定位置对应连接。打开气源，调整控制箱内调压阀，使输入给阀位变送器的气压为 0.35MPa（图 4-108）。

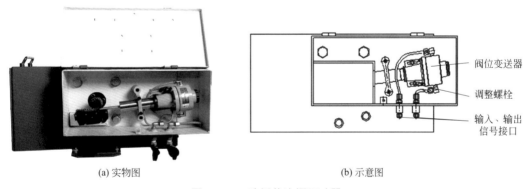

(a) 实物图　　　　　　　　　　　　　(b) 示意图

图 4-108　孔板节流阀驱动器

（2）气信号管线连接：用 2 根 $\phi6$ 气管线与孔板阀驱动器和控制箱后接线板标牌所标的位供、位返接口对应连接。

（3）液管线连接：用 2 根带快速接头液管线与孔板阀驱动器和控制箱后接线板阀开、阀关对应连接。

（四）液动节流阀阀位的调试

搬动液控箱盘面上手动换向阀，使液动节流阀在全开位置，然后调整阀位变送器触杆与液动节流阀活塞杆的位置，当液动节流阀的实际位置与控制箱上阀位开度表显示一致时，将阀位变送器机芯位置固定，需调整液动节流阀开关速度时用速度调节阀调整。

（五）压力传感器的安装及调试

压力传感器如图 4-109 所示。

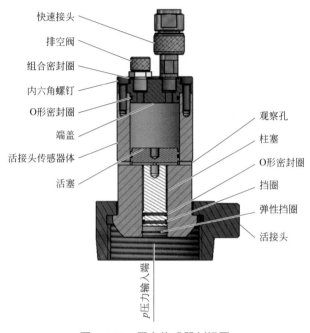

图 4-109　压力传感器剖视图

（1）压力传感器安装：先将立管压力传感器、套管压力传感器用连接螺纹（LP2）安装于立管、套管上，然后用 2 根带快速接头 M16×1.5（钢字头标记：YJ6）的油管线，分别将立管压力传感器、套管压力传感器与控制箱上标牌所标示的立管、套管接口对应连接。

（2）压力传感器调试：关闭控制箱内蓄能器截止阀和卸荷阀，在节流管汇和立管管汇内无压力的情况下，打开套管（立管）传感器截止阀，将压力传感器上排空阀螺塞拧松 2 扣（使密封失效），然后利用箱内手动泵向压力传感器中注油。当排空阀有油溢出时，旋紧排空阀螺塞，继续打压至套管（或立管）压力显示器压力为 0.2 ～ 1.0MPa，使液传感器活塞运行到液传感器活塞的底部，在卸掉压力后，关闭控制箱内套管（或立管）截止阀。

（六）组合阀的使用

组合阀集蓄能器截止阀、泄荷阀、溢流阀于一体，具有结构紧凑、调整方便、性能稳定的特点。蓄能器截止阀的作用是截止蓄能器和系统之间油路；泄荷阀的作用是系统泄压；溢流阀起安全溢流作用，防止系统超压。组合阀如图 4-110 所示。

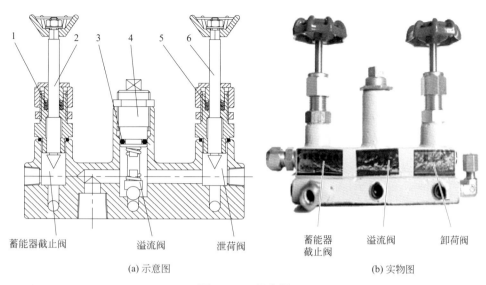

(a) 示意图　　　　　　　　　　　　(b) 实物图

图 4-110　组合阀

1—密封组件（ZYF-06）；2—截止阀阀芯（ZYF-02A）；3—O 形密封圈（15×2.65）；4—溢流阀阀芯
（YLFA-04B）；5—密封组件（ZYF-06）；6—泄荷阀阀芯（ZYF-02A）

（七）组合截止阀的使用

组合截止阀由两个截止阀组成，控制箱正常工作情况下为常闭状态。当需要往套管（或立管）传感器管线注入液压油时，需将此阀打开，通过手动泵注入压力油，然后应将此阀关闭。该阀零部件名称、规格与组合阀里的蓄能器截止阀相同（图 4-111）。

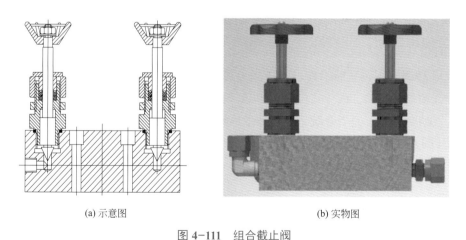

(a) 示意图　　　　　　　　　　　　(b) 实物图

图 4-111　组合截止阀

三、液动节控箱的维修保养

（1）随时观察控制箱内外各油气路管线有无泄漏，如有泄漏应关闭外部气源，及时检修。

（2）经常观察油位显示计中油面的高低。少则加油（油面为油位显示计的 2/3），每半年更换油箱内的液压油一次，并同时清洗滤油器及油箱。

（3）每半年检查一次蓄能器充氮压力（充氮压力为系统额定出油压的 1/3）。

（4）钻井至油气层前，控制箱各部位进行全面检查，确保钻入油气层时控制箱工作灵活无误。

（5）检查液压油：使用清洁的容器（如矿泉水瓶），从液压油箱的放油口接 50mL 的液压油，存放 12h 后检验。若颜色为乳白色，则表示液压油的含水量过高导致乳化，会降低液压油的润滑性能；若颜色变深呈褐色，则表示液压油在局部高温下氧化了。若状态浑浊并有悬浮物或沉淀，则表示液压油受污染。

若有焦煳味或臭味，则表示液压油氧化了。

四、常见故障排除

（1）气动泵不工作。

① 查看外部气源是否接入控制箱内，气源压力表是否有压力指示，如没有，应查看外部气源管线及快速接头是否有堵塞（图 4-112、图 4-113）。

图 4-112　外部气源管线集成图　　　　图 4-113　气源快速接头

② 气源经调压阀调压后，查看调压压力表是否有输出，如没有，需更换调压阀。

（2）气动泵不启动，截止式换向阀排空口有耗气，应更换截止式换向阀。

（3）气动泵工作，但当系统达到气液平衡时截止式换向阀排空口有耗气，应更换截止式换向阀（图 4-114、图 4-115）。

(a) 实物图　　　　　　　　(b) 三维立体图

图 4-114　截止式换向阀

图 4-115 截止式换向阀拆解图

（4）达到气液平衡时先导阀排空口有耗气，应更换先导阀（图 4-116）。

图 4-116 先导阀

（5）启动气动泵，无液压油输出。

① 查看、清洗吸油单向阀，如有损坏，需更换。

② 查看油箱液位，液压油是否不足。

（6）启动气动泵，系统油压表摆动不升压，应查看、清洗出口单向阀，如有损坏，需更换。

（7）气动泵气缸筒中间底部有一排空口，如系统达到气液平衡该孔有耗气（图 4-117）。

① 查看气缸活塞上的 Yx 环，如有磨损需更换（图 4-118、图 4-119）。

② 检查连接左右油缸四螺栓柱上的螺母是否有松动，如有松动，需均匀平衡紧固。

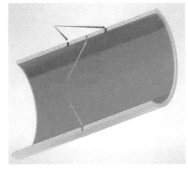

图 4-117 通大气孔（蓝色）和信号换向孔（红色）

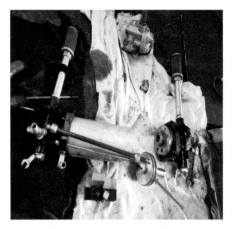

图 4-118　气泵活塞 Yx 环

图 4-119　气泵活塞端部密封环

（8）气动泵达到气液平衡时不断地在间歇启动，这种情况说明系统有微泄压处。

① 检查泄荷阀是否完全关闭，溢流阀是否有溢流，管路接头是否有泄漏。

② 检查吸油单向阀和出油单向阀是否密封不严（图 4-120、图 4-121）。

③ 检查调压阀输出压力是否存在不稳定的情况。

图 4-120　吸油单向阀

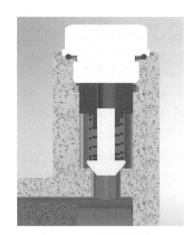

图 4-121　出油单向阀

第五章
钻具内防喷工具的拆装操作

本章主要介绍钻具内防喷工具拆装步骤，方便维修人员熟悉整个检维修过程，通过更换相应的零部件、装配、试压、检测等工序，达到钻具内防喷工具的出厂使用要求。

第一节　钻具止回阀的拆装

钻具止回阀种类很多，有箭形止回阀、投入式止回阀等，使用方法各异，有的连接在钻柱中，有的在需要时投入钻具水眼中起封堵井内压力的作用。

一、箭形止回阀的装配与拆卸

箭形止回阀采用箭形的阀针，呈流线型，受阻面积小。箭形止回阀维护保养方便，应注意使用完毕后，立即用清水把内部冲洗干净，拆下压帽，涂上黄油。应定期检查各密封元件的密封面，查看是否有明显影响密封性能的冲蚀斑痕，必要时进行更换。

此阀使用时可接于方钻杆下部或钻头上部，其扣型应与钻杆相符（图 5-1）。

(a) 实物图

(b) 拆解图

图 5-1　箭形止回阀

（一）装配

依次将支撑套、密封件、阀座、压帽装配入箭形止回阀本体内。

（1）装入支撑套（图5-2）。

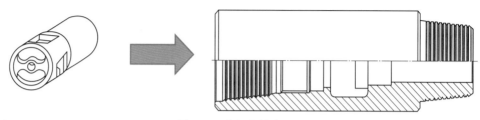

图 5-2　装入支撑套

（2）装入密封件弹簧（图5-3）。

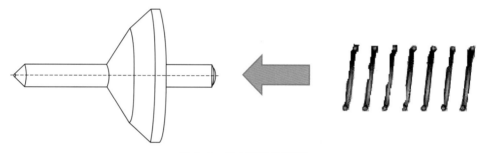

图 5-3　装入密封件弹簧

（3）装入密封件（图5-4）。

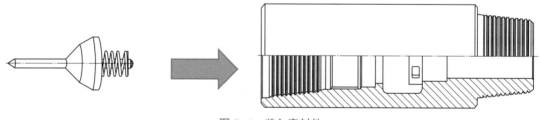

图 5-4　装入密封件

（4）装入阀座，将密封件安装到阀座的密封槽内，然后将阀座装入止回阀本体内，并从上部轻轻锤击阀座上端面，使阀座安装到位（图5-5）。

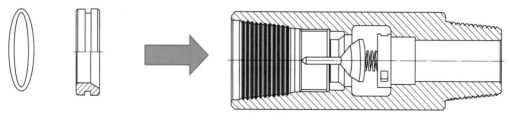

图 5-5　装入阀座

（5）装入压帽，旋紧螺纹，使压帽紧紧压在阀座端面上（图5-6）。

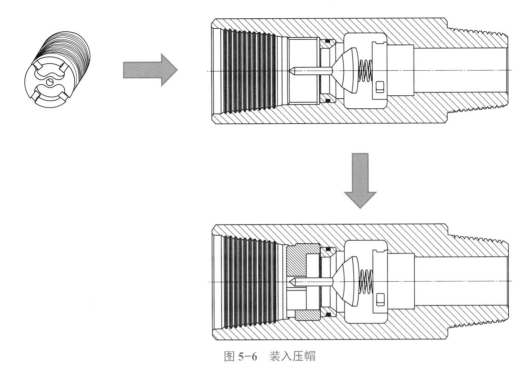

图 5-6　装入压帽

（二）拆卸

拆卸顺序与安装顺序相反。

二、投入式止回阀的装配与拆卸

投入式止回阀由止回阀及联顶接头两部分组成。止回阀由爪盘螺母、紧定螺钉、卡爪、卡爪体、筒形密封件、阀体、钢球、弹簧、尖顶接头等组成；联顶接头由接头及止动环组成（图5-7）。

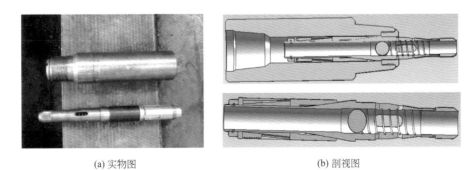

(a) 实物图　　　　　　　　　(b) 剖视图

图 5-7　投入式止回阀

选用时按钻柱结构选择相应规格的联顶接头，并根据"所用钻柱的最小内径比止回阀最大外径大 1.55mm 以上"选择止回阀。

　　钻开油气层前，将联顶接头连接到钻铤上部或直接接到钻头上。当需要投入式止回阀时，从方钻杆下部卸开钻具，将止回阀的尖顶接头端向下投入钻柱内孔中。如果井内溢流严重，则应先将下部方钻杆旋塞阀关闭，然后从下部方钻杆旋塞阀上端卸开钻杆，将止回阀装入旋塞阀孔中，再重新接上方钻杆，打开下部方钻杆旋塞阀，止回阀靠自重或用泵送至联顶接头的止动环处自动就位，开始工作。使用完后卸下止动环，即可从联顶接头内取出止回阀。

（一）装配

　　（1）装配联顶接头：将止动环旋进联顶接头的外螺纹端（图 5-8）。

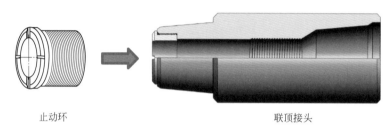

止动环　　　　　　　　　　　　　　　　　　　　联顶接头

图 5-8　装配联顶接头

　　（2）装配止回阀。

　　① 装入钢球及弹簧（图 5-9）。

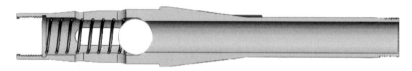

图 5-9　装入钢球及弹簧

　　② 装入尖顶接头（图 5-10）。

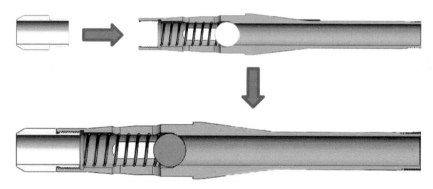

图 5-10　装入尖顶接头

　　③ 装入筒形密封件（图 5-11）。

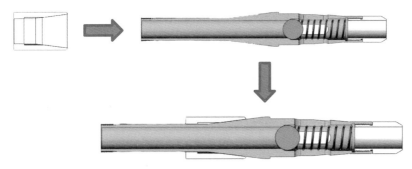

图 5-11 装入筒形密封件

④ 将 4 件卡爪装入卡爪体等分梯形槽内，卡瓦的厚度大的一端与卡瓦体槽深度深端方向一致（图 5-12）。

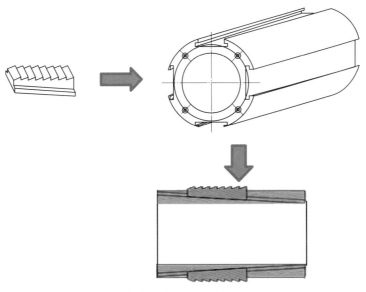

图 5-12 把卡爪装入梯形槽

⑤ 安装卡瓦体两侧挡圈（图 5-13）。

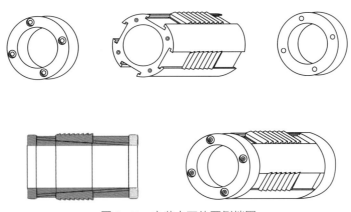

图 5-13 安装卡瓦体两侧挡圈

⑥ 将装配完成的卡爪体装入止回阀，注意卡瓦体槽较浅的一端朝向筒形密封件（图 5-14）。

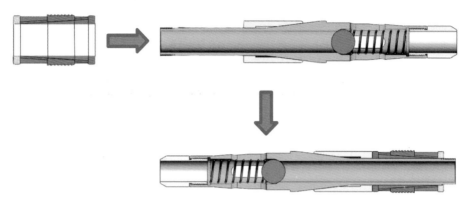

图 5-14　将装配完成的卡爪体装入止回阀

⑦ 安装爪盘螺母，旋进螺母后，安装紧定螺钉，锁定螺母位置（图 5-15）。

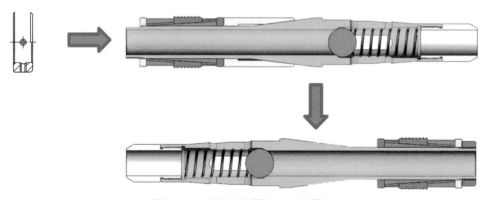

图 5-15　安装爪盘螺母、紧定螺钉

（二）拆卸

拆卸顺序与安装顺序相反。

第二节　钻具浮阀与旋塞阀的拆装

一、钻具浮阀的装配与拆卸

钻具浮阀是一种全通径、快速开关的浮阀，当循环被停止时能紧急关闭。钻具浮阀由浮阀芯和本体组成，浮阀芯又由阀体、密封圈、阀座、阀盖、弹簧、销子组成（图 5-16）。

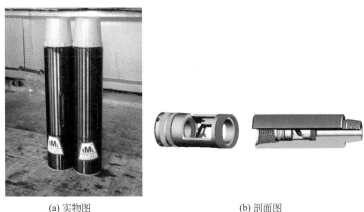

(a) 实物图　　　　　　　　　　　　(b) 剖面图

图 5-16　钻具浮阀

　　一般情况下，浮阀安装在近钻头端，通过阀体与钻柱连接，连接时应注意浮阀放入阀体的一端应向上（即浮阀有 3 个缺口的一端应向上）。

　　在正常钻井情况下，钻井液冲开阀盖（阀盖分为普通阀盖和带喷嘴阀盖）进行循环。当井下发生溢流或井喷时，阀盖关闭，达到防喷的目的。通常浮阀组装的是普通阀盖，在特殊作业时安装带喷嘴阀盖。

（一）装配

　　（1）安装翻板式浮阀芯（图 5-17）。

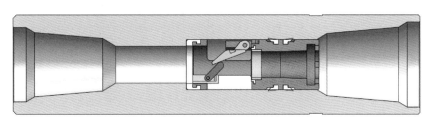

图 5-17　安装翻板式浮阀芯

　　（2）安装顶部密封圈。将顶部密封圈安装在阀体的端部环形槽内（图 5-18）。

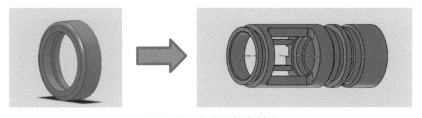

图 5-18　安装顶部密封圈

　　（3）安装外径密封圈。将 2 个密封圈分别安装在阀体外径环形槽内，密封圈唇边分别朝向阀体两外侧（图 5-19）。

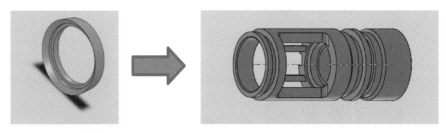

图 5-19 安装外径密封圈

（4）安装密封垫。将密封垫安装在阀体内径的内槽中（图 5-20）。

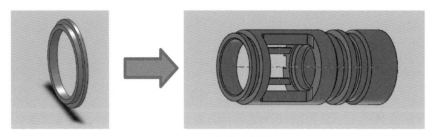

图 5-20 安装密封垫

（5）安装密封钢圈。将密封钢圈从密封垫内径锤击砸入阀体，使密封垫夹在阀体和密封钢圈之间（图 5-21）。

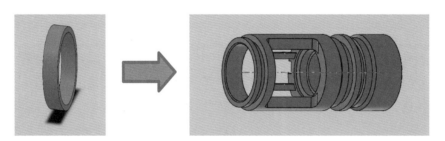

图 5-21 安装密封钢圈

（6）安装翻板阀盖。将阀盖两耳装在阀体两耳之间（图 5-22）。

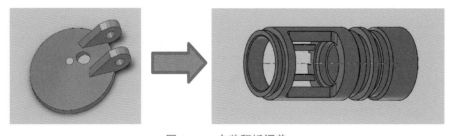

图 5-22 安装翻板阀盖

（7）安装阀盖弹簧销子。将弹簧套在销子外面，穿过阀体和阀盖来固定阀盖；弹簧位于阀盖两耳之间（图 5-23）。

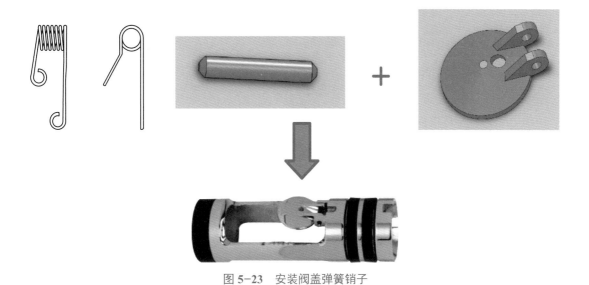

图 5-23　安装阀盖弹簧销子

（二）拆卸

拆卸顺序与安装顺序相反。

二、方钻杆旋塞阀的装配与拆卸

方钻杆上旋塞阀，接头螺纹为左旋螺纹（反扣），使用时安装在方钻杆上端。方钻杆下旋塞阀，接头螺纹为右旋螺纹（正扣），使用时安装在方钻杆下端。旋塞阀如图 5-24、图 5-25 所示。

(a) 实物图

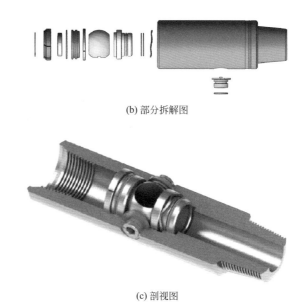

(b) 部分拆解图

(c) 剖视图

图 5-24　旋塞阀

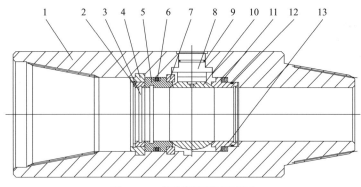

图 5-25　旋塞阀部件示意图

1—本体；2—挡圈；3—挡环 1；4—卡环；5—上阀座；6—密封圈；7—挡环 2；8—旋钮；
9—密封环；10—球阀；11—弹簧；12—密封环；13—下阀座

（一）装配

（1）安装下阀座。将波形簧套在下阀座上，然后将密封件安装到下阀座的密封槽内，最后将下阀座装入旋塞阀本体内，注意不要刮伤密封件（图 5-26）。

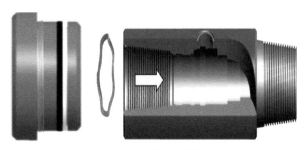

图 5-26　安装下阀座

（2）安装旋钮。将密封件安装到旋钮的密封槽内，从旋塞本体内部向外安装旋钮，注意不要刮伤密封件（图 5-27）。

图 5-27　安装旋钮

（3）安装挡块。挡块是半圆形，安装在旋钮底部，开口向下。挡块的作用是保证旋钮转动范围是 90°，旋钮上开关指示槽向上为旋塞阀开启，向右为旋塞阀关闭（图 5-28）。

图 5-28　安装挡块

（4）安装球阀。将旋钮旋转至关闭位置，从旋塞本体内螺纹端装入球阀，球阀上的凹槽对正旋钮上的凸槽（图 5-29）。

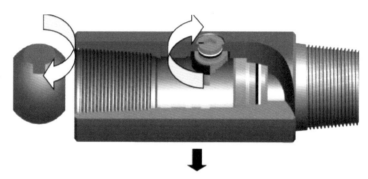

图 5-29　安装球阀

（5）安装挡环。挡环为圆环状，切割成 4 份，安装时将装入的球阀旋转至半开位置，按顺序依次装入挡环至旋塞本体内的环形槽里（图 5-30）。

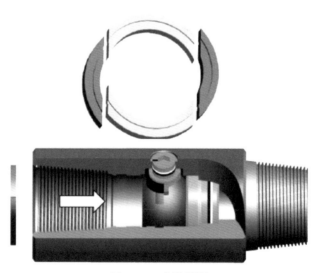

图 5-30　安装挡环

（6）安装上阀座。将密封件安装到上阀座的密封槽内，然后将上阀座装入旋塞阀本体内，并从上部轻轻锤击上阀座端面，使上阀座下端进入下拼合环的环形孔内，露出旋塞阀本体的上拼合环槽（图 5-31）。

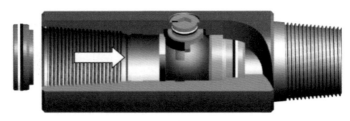

图 5-31　安装上阀座

（7）安装卡环、挡圈、卡簧。上拼合环为圆环形，切割成4份，安装时用专用工具旋塞阀外螺纹端拉紧下阀座，使波形弹簧压缩，从旋塞阀内螺纹端装入上拼合环。支撑套装入上拼合环内孔，并贴紧上阀座端面，将卡簧装入卡簧槽内，最后松开专用工具释放波形弹簧（图5-32）。

图 5-32　安装卡环、挡圈、卡簧

（8）旋塞阀整体组装完成（图5-33）。

图 5-33　组装完成的旋塞阀

（二）拆卸

旋塞阀拆卸时，其顺序与装配相反。

第六章
无损检测

第一节　无损检测方法在井控装备上的应用

　　井控设备是对油气井实施压力控制，对事故进行预防、监测、控制、处理的关键装备，是实现安全钻井的可靠保证。井控装备质量直接影响其使用性能。为预防井控装备失效，在井控装备的制造及使用过程中，主要依靠无损检测技术来实现质量把控。

　　井控装备的无损检测方法主要有：声发射无损检测、液体渗透检测、磁粉检测、超声波检测等。

一、声发射无损检测

　　声发射无损检测利用井控设备内部缺陷在外力或残余应力的作用下发射出声波来判断发声地点（烈源）的部位和状况，根据所发射声波的特点和诱发声波的外部条件，既可了解井控设备内部缺陷的状态，也可了解缺陷的形成过程和在实际使用条件下扩展和增大的趋势。声发射检测技术是一种评价材料或构件损伤的动态无损检测诊断技术，它通过对声发射信号的处理和分析来评价缺陷的发生和发展规律，进而确定缺陷位置。声发射作为一种新兴的无损检测方法，目前已应用在防喷器、节流压井管汇等设备的整体性能评价中。

二、液体渗透检测

　　液体渗透检测是较早使用的非破坏性检测方法之一。液体渗透检测法按显示缺陷方法的不同可分为荧光法和着色法。井控设备中的防喷器、管汇等部件尺寸大，不易被灵活搬运，一般使用喷罐式着色探伤法进行检测。在组装前，井控设备中的部分小尺寸零部件（如螺栓、螺帽等）宜使用浸液法进行检测。一般在用超声波、X射线等检测方法发现工件裂纹后，在工件表面或断面再进行渗透检测。在井控设备维修时，对局部区域裂纹的判别，均可采用渗透检测。

三、磁粉检测

磁粉检测也是较早应用的一种无损检测方法。其具有设备简单、操作灵活、速度快、观察缺陷直观和有较高的检测灵敏度等特点。磁粉检测法可以检测材料和构件的表面和近表面缺陷，对裂纹、折叠、夹层和未焊透等缺陷极为灵敏。通常情况下，采用交流电磁化可检测表面下 2mm 以内的缺陷，采用直流电磁化可检测表面下 6mm 以内的缺陷。磁粉检测设备主要有固定式、移动式、手提式几种类型。井控装备加工和装配过程用到的工装的材料、尺寸各不相同，有的锻造成型，有的焊接成型。焊接成型的型材，其焊缝有对接、角接、丁字接等形式。通常锻件和原材料内部先经过超声波检测，外表面经过磁粉检测，然后才进行机械加工和焊接。对于小型工装或零部件，应尽量在固定式磁粉探伤机上进行磁化和用附加磁场法检测，较大、较重、形状复杂的工件和支架焊缝，采用局部磁化法检测。通常磁粉检测采用支杆法和磁轭法进行。在工艺装置的磁粉探伤中，检测的主要缺陷有裂纹和未焊透等。

四、超声波检测

超声波检测因其具有以下特性，常被用于无损检测中：

（1）超声波在介质中传播时，遇到界面会发生反射。

（2）超声波指向性好。频率越高，指向性越好。

（3）超声波传播能量大，对各种材料的穿透力较强。

超声波检测方式可根据耦合方式、波的类型等进行分类，主要有：接触法与液浸法、纵波脉冲反射法、横波探伤法、表面波探伤法、兰姆波探伤法、穿透检测法、超声波厚度检测法。

可使用超声波检测井控设备铸件中的气孔、夹渣等缺陷，也可用超声波检测井控设备锻件中的裂纹、折叠等缺陷。使用状态下的井控设备检测主要采用超声波斜探头横波检测方法，辅以表面波探头检测表面缺陷。

第二节　防喷器零部件无损检测规程

本节主要以磁粉检测和渗透检测为例进行介绍。

一、磁粉检测规程

（一）主要内容与适用范围

（1）防喷器零部件无损检测规程参考 API Spec 16A《钻通设备规范》、ASTM E709《磁粉检验的标准指南》编制，规定了所用器材、检测技术和质量验收等。

（2）本规程适用于铁磁性材料的机加工工件表面缺陷的检测，不适用于非铁磁性材料及磁性材料与非铁磁性材料结合部位的检测。

（3）本规程适用于湿式荧光磁粉的连续法磁化检测技术。

（4）本规程不适用于奥氏体不锈钢和其他非铁磁性材料的检测，也不适用于铁磁性材料和非铁磁性材料焊接熔合部位的检测。

（二）主要参考标准

（1）ASTM E709《磁粉检验的标准指南》。

（2）ASTM E269《有关磁粉检测术语的定义》。

（3）SNT-TC-1A《无损检验人员的资格和证书》。

（4）API Spec 16A《钻通设备规范》。

（5）ASTM E125《铁铸件磁粉检验用参考照相图片》。

以上引用标准及规范以最新版为准。

（三）设备、材料、工具及质量控制要求

1. 磁化设备及校验

（1）轴类零件检测可用固定式磁粉探伤机。

（2）大型工件外表面检测可用便携式交流电磁轭。当使用磁轭最大间距时，交流电磁轭至少应有 45N 的提升力。提升力每半年测试一次。每当磁轭损伤或修理后磁轭的提升力均应进行验证。

（3）磁轭检测不到的部位可用软电缆线圈法或导体偏心（中心）法进行检测，可使用移动式磁粉探伤机进行检测。

（4）磁粉探伤设备每半年定期进行一次检定。

2. 试片

（1）测定磁粉检测系统性能用 A 型试片。推荐使用 A1-30/100 及 A1-15/100 中高灵敏度的试片（图 6-1）。

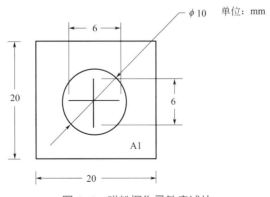

图 6-1 磁粉探伤灵敏度试片

（2）试片的使用方法：将试片无人工缺陷的表面朝上，使试板与被检面接触良好，必要时可用透明胶带将其整体贴在被检表面上，但人工缺陷处不得贴覆。实验时边磁化边浇洒磁悬液，以人工缺陷清晰显示来确定磁化规范、磁化方法和有效磁化范围。

（3）使用非荧光磁粉，使用时应喷涂反差增强剂。

3. 照度

（1）照度计用于测量白光照度。

（2）照明：通常工件被检处白光照度应大于1000lx；当条件所限无法达到要求时，可见光照度可以降低但不能低于500lx。

（3）白光照度的测试方法。

① 按仪器说明进行操作，可见光照度测量必须将照度计放置于被检工件表面进行测试。

② 测量光线每周一次，并填写测量记录。

（4）使用荧光磁粉检测，周围环境光照度用照度计测量，零件表面可测量到的最大环境可见光照度应为20lx。

4. 磁粉

采用非荧光磁粉和荧光磁粉均可。

5. 载液

采用油基磁粉载液或水基磁粉载液。

6. 磁悬液

（1）磁悬液浓度参照表6-1执行。

表6-1 磁悬液浓度

磁粉类型	配液浓度，g/L	沉淀浓度（含固体量），mL/100mL
非荧光磁粉	10～25	1.2～2.4
荧光磁粉	0.5～3.0	0.1～0.4

（2）配制方法：先取少量的磁粉载液与称量好的磁粉混合，让磁粉全部润湿，搅拌成均匀的糊状，再按浓度要求比例加入余下的磁粉载液，搅拌均匀即可。

（3）配制好的磁悬液，在使用过程中由于磁粉的流失，要每班一次使用磁悬液沉淀管对磁悬液浓度进行测量，如达不到要求则要对磁悬液浓度进行补充，补充后还要使用上述方法进行测量，合格后方可使用。每8h测定一次，测定完毕后要填写磁悬液污染测定及更换记录。

7. 磁悬液沉淀管

（1）测定磁悬液磁粉浓度，使之符合表6-1的要求。

（2）对循环使用的磁悬液，应每8h测定一次磁悬液污染。测定方法是将磁悬液搅拌均匀，取 100mL 注入梨形沉淀管中，静止 60min 检查梨形沉淀管中的沉淀物。当上层（污染物）体积超过下层（磁粉）体积的 30%，或在黑光下检查荧光磁悬液的载体发出明显的荧光时，即可判定磁悬液污染。测定完毕后要填写磁悬液污染测定及更换记录。

（四）检测要求

1. 表面制备

（1）任何检测表面不得有松散的氧化皮、锈蚀、飞溅物、油漆和污物等。

（2）机加工的被测表面的表面粗糙度：粗加工件 $Ra \leqslant 12.5\mu m$；精加工件 $Ra \leqslant 6.3\mu m$。

（3）检测人员检测工件时，应对检测表面状态进行详细记录。

2. 委托检测要求

（1）委托单要填写清楚，不得有涂改，要根据程序文件规定由施工员填写。

（2）检测人员检测工件前，要认真核对"工件信息"内容，根据内容进行认真检测，有权对填写内容不完整的"工件信息"拒收。

（3）对于有延迟裂纹倾向的材料，磁粉检测应根据要求至少在焊接完成 24h 后进行。磁粉检测前要对焊后时间进行详细记录。

（4）要单独使用两个角度相差 90° 的磁场进行横向缺陷和纵向缺陷的检测。

（五）检测部件明细

承压件和控压件所有可接近的与井内流体接触的润湿表面和密封表面，高应力区的非润湿和非密封表面，紧固件、起吊件、耳板的表面，为焊接（包括堆焊、补焊）准备的表面，焊缝表面及其周围至少 13mm（1/2in）范围内相邻的基体金属，以及其他图纸中有磁粉检测要求的零件及部位。

主要检测部件有：侧门、顶盖 1、顶盖 2、活塞 1、活塞 2、夹持器、剪切刀体、闸板、剪切闸板、卡箍、壳体、升高短节、四通、外壳 1、外壳 2、螺栓、长圆形锻件闸板、闸板轴、支持圈、法兰、外体部套筒、缸盖、分流器支撑筒、侧门（锻件）、侧法兰。

（六）检测时机、检测部位及检测方法

1. 侧门的检测时机、检测部位及检测方法

（1）检测时机。

安排在最终热处理后进行；在最终机加工后进行检测。

（2）检测部位。

尽可能检测所有机加工部位表面、内孔表面及密封表面（纵、横向检测），如图 6-2 所示。

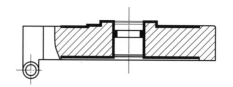

图 6-2 侧门的磁粉检测图（图示加黑部位）

（3）检测方法。

使用磁轭法检测；荧光或非荧光湿式磁粉连续法探伤。

2. 顶盖 1 的检测时机、检测部位及检测方法

（1）检测时机。

安排在最终热处理后进行；在最终机加工后进行检测。

（2）检测部位。

尽可能检测所有机加工及非机加工部位表面、内孔表面（纵、横向检测），如图 6-3 所示。

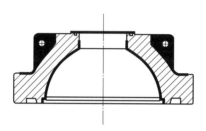

图 6-3 顶盖 1 的磁粉检测部位图（图示加黑部位）

（3）检测方法。

使用磁轭法磁化；荧光或非荧光湿式磁粉连续法探伤。

3. 顶盖 2 的检测时机、检测部位及检测方法

（1）检测时机。

安排在最终热处理后进行；在最终机加工后进行检测。

（2）检测部位。

尽可能检测所有机加工部位表面、内孔表面（纵、横向检测），如图 6-4 所示。

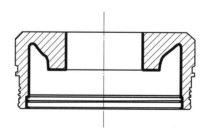

图 6-4 顶盖 2 的磁粉检测部位图（图示加黑部位）

（3）检测方法。

使用磁轭法磁化；荧光或非荧光湿式磁粉连续法探伤。

4.活塞 1 的检测时机、检测部位及检测方法

（1）检测时机。

安排在最终热处理后进行；在最终机加工后进行检测。

（2）检测部位。

尽可能检测所有机加工部位表面、内孔表面（纵、横向检测），如图 6-5 所示。

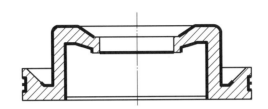

图 6-5　活塞 1 的磁粉检测部位图（图示加黑部位）

（3）检测方法。

使用磁轭法磁化；荧光或非荧光湿式磁粉连续法探伤。

5.活塞 2 的检测时机、检测部位及检测方法

（1）检测时机。

安排在最终热处理后进行；在最终机加工后进行检测。

（2）检测部位。

尽可能检测所有机加工部位表面、内孔表面（纵、横向检测），如图 6-6 所示。

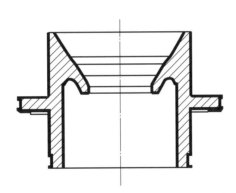

图 6-6　活塞 2 的磁粉检测部位图（图示加黑部位）

（3）检测方法。

使用磁轭法磁化检测；荧光或非荧光湿式磁粉连续法探伤。

6.夹持器的检测时机、检测部位及检测方法

（1）检测时机。

安排在最终热处理后进行；在最终机加工后进行检测。

（2）检测部位。

所有机加工部位表面、内孔表面（纵、横向检测），如图 6-7 所示。

图 6-7　夹持器的磁粉检测部位图（图示加黑部位）

（3）检测方法。

使用线圈法、磁轭法磁化，导体法偏心放置磁化内孔；荧光或非荧光湿式磁粉连续法探伤。

7. 剪切刀体的检测时机、检测部位及检测方法

（1）检测时机。

安排在最终热处理后进行；在最终机加工后进行检测。

（2）检测部位。

所有机加工部位表面（纵、横向检测），如图 6-8 所示。

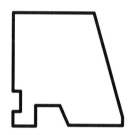

图 6-8　剪切刀体的磁粉检测部位图（所有机加工表面）

（3）检测方法。

使用线圈法、接触通电法；荧光或非荧光湿式磁粉连续法探伤。

8. 剪切闸板体的检测时机、检测部位及检测方法

（1）检测时机。

安排在最终热处理后进行；在最终机加工后进行检测。

（2）检测部位。

所有机加工部位表面（纵、横向检测），如图 6-9 所示。

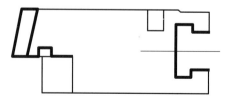

图 6-9　剪切闸板体的磁粉检测部位图（图示加黑部位）

（3）检测方法。

使用磁轭法磁化；荧光或非荧光湿式磁粉连续法探伤。

9. 卡箍的检测时机、检测部位及检测方法

（1）检测时机。

安排在最终热处理后进行；在最终机加工后进行检测。

（2）检测部位。

所有机加工部位表面、内孔表面（纵、横向检测），如图 6-10 所示。

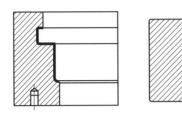

图 6-10 卡箍的磁粉检测部位图（所有机加工表面）

（3）检测方法。

使用磁轭法磁化，用中心导体法磁化内孔；荧光或非荧光湿式磁粉连续法探伤。

10. 壳体（包括单双壳体）的检测时机、检测部位及检测方法

（1）检测时机。

安排在最终热处理后进行；在最终机加工后进行检测。为及时发现缺陷，方便后续处理工作，配合面、密封面可在最终加工余量小于 0.8mm 时进行预检，在精加工结束后进行最终检测。对其余加工表面，可以在最终机加工后进行检测。

（2）检测部位。

尽可能检测所有机加工部位表面、内腔、通径表面（纵、横向检测），如图 6-11 所示。

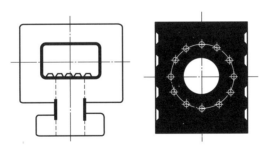

图 6-11 壳体的磁粉检测部位图（图示加黑部位）

（3）检测方法。

使用线圈缠绕法、磁轭法磁化，中心导体法偏心放置磁化内孔；荧光或非荧光湿式磁粉连续法探伤。

11. 升高短节的检测时机、检测部位及检测方法

（1）检测时机。

安排在最终热处理后进行；在最终机加工后进行检测。

（2）检测部位。

尽可能检测所有机加工部位表面、内腔表面（纵、横向检测），如图 6-12 所示。

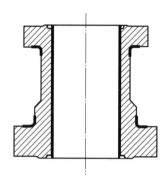

图 6-12　升高短节的磁粉检测部位图（图示加黑部位）

（3）检测方法。

使用线圈缠绕法、磁轭法磁化；荧光或非荧光湿式磁粉连续法探伤。

12. 四通的检测时机、检测部位及检测方法

（1）检测时机。

安排在最终热处理后进行；在最终机加工后进行检测。

（2）检测部位。

尽可能检测所有机加工部位表面、内孔表面（纵、横向检测），如图 6-13 所示。

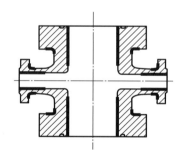

图 6-13　四通的磁粉检测部位图（图示加黑部位）

（3）检测方法。

使用线圈法、中心导体法偏心放置磁化；荧光或非荧光湿式磁粉连续法探伤。

13. 外壳 1 的检测时机、检测部位及检测方法

（1）检测时机。

安排在最终热处理后进行；在最终机加工后进行检测。

（2）检测部位。

尽可能检测所有机加工部位表面、内孔表面（纵、横向检测），如图 6-14 所示。

（3）检测方法。

使用线圈缠绕法、磁轭法磁化；荧光或非荧光湿式磁粉连续法探伤。

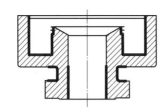

图 6-14　外壳 1 的磁粉检测部位图（图示加黑部位）

14. 外壳 2 的检测时机、检测部位及检测方法

（1）检测时机。

安排在最终热处理后进行；在最终机加工后进行检测。

（2）检测部位。

尽可能检测所有机加工部位表面、内孔表面（纵、横向检测），如图 6-15 所示。

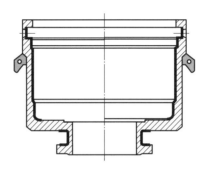

图 6-15　外壳 2 的磁粉检测部位图（图示加黑部位）

（3）检测方法。

使用线圈法、磁轭法磁化；荧光或非荧光湿式磁粉连续法探伤。

15. 螺栓的检测时机、检测部位及检测方法

（1）检测时机。

安排在最终热处理后进行；在最终机加工后螺纹加工前进行检测。

（2）检测部位。

所有机加工部位表面（纵、横向检测），如图 6-16 所示。

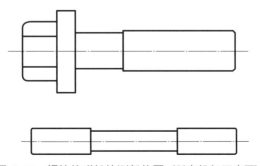

图 6-16　螺栓的磁粉检测部位图（所有机加工表面）

（3）检测方法。

使用线圈法、通电接触法磁化；荧光或非荧光湿式磁粉连续法探伤。

16. 长圆形锻件闸板的检测时机、检测部位及检测方法

（1）检测时机。

安排在最终热处理后进行；在最终机加工后进行检测。

（2）检测部位。

尽可能检测所有机加工部位表面（纵、横向检测），如图 6-17 所示。

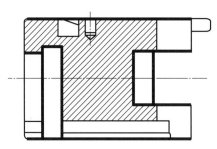

图 6-17　长圆形锻件闸板的磁粉检测部位图（图示加黑部位）

（3）检测方法。

使用磁轭法磁化；荧光或非荧光湿式磁粉连续法探伤。

17. 闸板轴的检测时机、检测部位及检测方法

（1）检测时机。

安排在最终热处理后进行；在最终机加工后进行检测。

（2）检测部位。

所有机加工部位表面（纵、横向检测），如图 6-18 所示。

图 6-18　闸板轴的磁粉检测部位图（图示加黑部位）

（3）检测方法。

使用线圈法、通电接触法磁化；荧光或非荧光湿式磁粉连续法探伤。

18. 支持圈的检测时机、检测部位及检测方法

（1）检测时机。

安排在最终热处理后进行；在最终机加工后进行检测。

（2）检测部位。

尽可能检测所有机加工部位表面（纵、横向检测），如图 6-19 所示。

（3）检测方法。

使用磁轭法磁化；荧光或非荧光湿式磁粉连续法探伤。

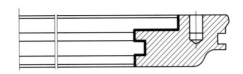

图 6-19 支持圈的磁粉检测部位图（图示加黑部位）

19. 法兰的检测时机、检测部位及检测方法

（1）检测时机。

安排在最终热处理后进行；在最终机加工后进行检测。

（2）检测部位。

尽可能检测所有机加工部位表面（纵、横向检测），如图 6-20 所示。

图 6-20 法兰的磁粉检测部位图（图示加黑部位）

（3）检测方法。

使用磁轭法磁化，中心导体偏心放置磁化；荧光或非荧光湿式磁粉连续法探伤。

20. 外体部套筒的检测时机、检测部位及检测方法

（1）检测时机。

安排在最终热处理后进行；在最终机加工后进行检测。

（2）检测部位。

尽可能检测所有机加工部位表面（纵、横向检测），如图 6-21 所示。

机加工表面

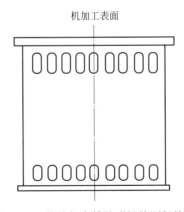

图 6-21 外体部套筒的磁粉检测部位图

（3）检测方法。

使用磁轭法磁化；荧光或非荧光湿式磁粉连续法探伤。

21. 缸盖的检测时机、检测部位及检测方法

（1）检测时机。

安排在最终热处理后进行；在最终机加工后进行检测。

（2）检测部位。

尽可能检测所有机加工部位表面（纵、横向检测），如图 6-22 所示。

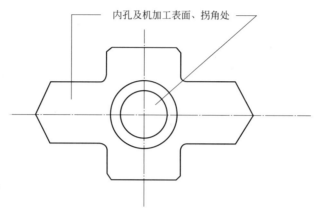

图 6-22　缸盖的磁粉检测部位图

（3）检测方法。

使用磁轭法磁化，中心导体偏心放置磁化；荧光或非荧光湿式磁粉连续法探伤。

22. 分流器支撑筒的检测时机、检测部位及检测方法

（1）检测时机。

安排在最终热处理后进行；在最终机加工后进行检测。

（2）检测部位。

尽可能检测所有机加工部位表面（纵、横向检测），如图 6-23 所示。

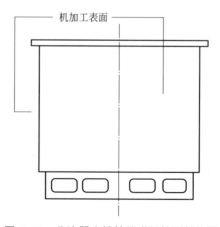

图 6-23　分流器支撑筒的磁粉检测部位图

（3）检测方法。

使用磁轭法磁化；荧光或非荧光湿式磁粉连续法探伤。

23. 侧门（锻件）的检测时机、检测部位及检测方法

（1）检测时机。

安排在最终热处理后进行；在最终机加工后进行检测。

（2）检测部位。

尽可能检测所有机加工部位表面（纵、横向检测），如图 6-24 所示。

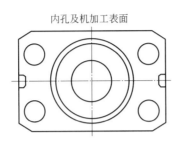

图 6-24　侧门（锻件）的磁粉检测部位图

（3）检测方法。

使用磁轭法磁化，中心导体偏心放置磁化；荧光或非荧光湿式磁粉连续法探伤。

24. 侧法兰的检测时机、检测部位及检测方法

（1）检测时机。

安排在最终热处理及焊接 24h 后进行；在最终机加工后进行检测。

（2）检测部位。

尽可能检测所有机加工部位表面，包括焊缝（纵、横向检测），如图 6-25 所示。

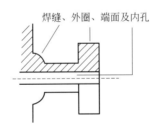

图 6-25　侧法兰的磁粉检测部位图

（3）检测方法。

使用磁轭法磁化，中心导体磁化；荧光或非荧光湿式磁粉连续法探伤。

（七）磁场强度的检测技术

（1）用磁场强度计测量施加在工件表面的切线磁场强度。连续法检测时应达到 $2.4 \sim 4.8kA/m$。

（2）用标准试片（块）来确定磁场强度是否合适。

（3）轴向通电法和中心导体法的磁化规范按表 6-2 中公式计算。

表 6-2　轴向通电法和中心导体法磁化规范

检测方法	磁化电流计算公式	
	交流电	直流电、整流电
连续法	$I = (8 \sim 15) D$	$I = (12 \sim 32) D$
剩磁法	$I = (25 \sim 45) D$	$I = (25 \sim 45) D$

注：D 为工件横截面上最大尺寸，mm。

（4）中心导体偏心放置法。

当使用中心导体法时，如电流不能满足检测要求，则应采用偏置导体法进行检测。导体靠近内壁放置，导体与内壁接触时采取绝缘措施。每次有效检测区长度约为 4 倍芯棒直径（图 6-26），且应有一定的重叠区，重叠区长度应不小于有效检测区的 10%（$0.4d$）。磁化电流仍按表 6-2 中的公式计算，式中 D 的数值取芯棒直径加 2 倍工件壁厚。

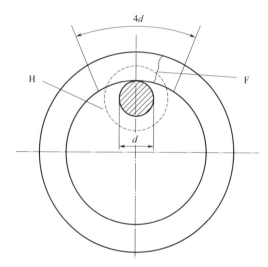

图 6-26　偏置芯棒法检测有效区
F—缺陷；H—有效磁化区域

（5）磁轭法。

① 磁轭的磁极间距应控制在 75 ～ 200mm，检测的有效区域为两极连线两侧各 50mm 的范围，磁化区域每次应有不少于 10mm 的重叠。

② 采用磁轭法磁化工件时，其磁化电流应根据标准试片实测结果来选择；如果采用固定式磁轭磁化工件时，应根据标准试片实测结果来校验灵敏度是否满足要求。

（6）线圈法。

① 线圈法产生的磁场平行于线圈的轴线。线圈法的有效磁化区是从线圈端部向外延伸到一定的范围。磁化的有效区域应采用标准试片确定。

② 低充填因数线圈法。

当线圈的横截面积不小于被检工件横截面积的 10 倍时，使用下述公式。

偏心放置时，线圈的磁化电流按下式计算（误差为 10%）：

$$I = \frac{45000}{N(L/D)} \tag{6-1}$$

正中放置时，线圈的磁化电流按下式计算（误差为 10%）：

$$I = \frac{1690R}{N[6(L/D)-5]} \tag{6-2}$$

式中　I——施加在线圈上的磁化电流，A；

　　　N——线圈匝数；

　　　L——工件长度，mm；

　　　D——工件直径或横截面上最大尺寸，mm；

　　　R——线圈半径，mm。

③ 高充填因数线圈法。

用固定线圈或电缆缠绕进行检测，若此时线圈的截面积不大于 2 倍工件截面积（包括中空部分），磁化时，可按下式计算磁化电流（误差 10%）：

$$I = \frac{35000}{N[(L/D)+2]} \tag{6-3}$$

④ 中充填因数线圈法。

当线圈大于 2 倍而小于 10 倍被检工件截面积时，有：

$$NI = \frac{(NI)_h(10-Y)+(NI)_l(Y-2)}{8} \tag{6-4}$$

式中　$(NI)_h$——式（6-3）高充填因数线圈计算的 NI 值；

　　　$(NI)_l$——式（6-1）或式（6-2）低充填因数线圈计算的 NI 值；

　　　Y——线圈的横截面积与工件横截面积之比。

注：上述公式不适用于长径比（L/D）小于 2 的工件。对于长径比小于 2 的工件，若要使用线圈法时，可利用磁极加长块来提高长径比的有效值或采用标准试片实测来决定电流值。对于长径比（L/D）不小于 15 的工件，公式中（L/D）取 15。

⑤ 当被检工件太长时，应进行分段磁化，且应有一定的重叠区。重叠区应不小于分段检测长度的 10%。检测时，磁化电流应根据标准试片实测结果来确定。

⑥ 计算空心工件时，此时工件直径 D 应由有效直径 D_{eff} 代替。

对于圆筒形工件：

$$D_{eff} = (D_o^2 - D_i^2)^{1/2} \tag{6-5}$$

式中　D_o——圆筒外直径，mm；

　　　D_i——圆筒内直径，mm。

（八）检测方法

根据不同的分类条件，防喷器优先推荐使用的方法可分为以下几种，如表 6-3 所示。

表 6-3　优先推荐的磁粉检测方法

条　　件	磁粉检测方法
施加磁粉的载体	湿法（荧光）
施加磁粉的时机	连续法
磁化方法	轴向通电法、线圈法、磁轭法、中心导体法

下面重点介绍湿法和连续法。

1. 湿法

（1）本规程规定湿法主要用于连续法检测。采用湿法时，应确认整个检测面被磁悬液湿润后，再施加磁悬液。

（2）磁悬液的施加可采用喷、浇等方法，不宜采用刷涂法。无论采用哪种方法，均不应使检测面上磁悬液的流速过快。

2. 连续法

采用连续法时，被检工件的磁化、施加磁粉的工艺以及观察磁痕显示都应在磁化通电时间内完成，通电时间为 1 ～ 3s，停施磁悬液至少 1s 后方可停止磁化。为保证磁化效果应至少反复磁化两次。磁痕形成后要立即进行观察。观察荧光磁粉检测显示时，检测人员不准戴对检测有影响的眼镜。

（九）验收准则

相关显示：只有主尺寸大于 1.6mm（1/16in）的显示才认为是相关显示。

1. 热加工零件

（1）非压力接触（金属对金属）密封表面的验收准则：

① 相关指示主尺寸应小于 5mm（0.2in）。

② 在任一个连续的 40cm²（6in²）面积上相关指示不得超过 10 个。

③ 在任一条直线上不得有 4 个或 4 个以上间距小于 1.5mm（0.06in）（边缘到边缘）的相关显示。

（2）压力接触（金属对金属）密封表面的验收准则：

在压力接触（金属对金属）密封表面上不允许有相关显示。

2. 焊缝及堆焊

验收准则同热加工零件，但有以下不同：

当要求进行检测时，必须根据本节所规定的方法及验收准则对基本焊接变量及设备进行监控，并对完工的焊接件［至少包含 13mm（1/2in）的周围基体金属］及全部可接近的焊缝进行检查。

（1）不得有任何线性相关显示。

（2）对于深度不超过 16mm（0.63in）的焊缝，不得有大于 3mm（0.118in）的圆形显示。

（3）对于深度超过 16mm（0.63in）的焊缝，不得有大于 5mm（0.2in）的圆形显示。

3. 补焊后验收

（1）应使用与检验基体金属相同的方法和验收准则对所有补焊焊缝进行检验。

（2）检查应包括 1/2in 范围内相邻的基体金属。

（3）焊前应对补焊处的打磨表面进行检查，以保证缺陷的去除符合焊缝的验收准则。

注：除能确认磁痕是由于工件材料局部磁性不均或操作不当造成的之外，其他磁痕显示均应作为相关显示处理。当辨认细小磁痕时，应用 2 ～ 10 倍放大镜进行观察。

（十）退磁

1. 退磁的一般要求

在下列情况下工件应进行退磁处理：

（1）当检测需要多次磁化时，如认定上一次磁化将会给下一次磁化带来不良影响。

（2）如认为工件的剩磁会对以后的机械加工产生不良影响。

（3）如认为工件的剩磁会对测试或计量装置产生不良影响。

（4）如认为工件的剩磁会对焊接产生不良影响。

2. 剩磁测定

工件的退磁效果一般可用剩磁检查仪或磁场强度计测定。剩磁应不大于 0.3mT（240A/m）或按产品技术条件规定。

（十一）检测记录

检测记录应包括委托单位、工件名称、编号、规格、材质、磁化方法、磁粉种类、设备型号、灵敏度试片规格、检验标准、验收标准、验收结果、缺陷图示、检测日期、检测人员签字等内容。检测记录不得有涂改，字迹要清晰。

（十二）检测报告

检测报告中应包括委托单位、工件名称、编号、规格、材质、磁化方法、磁粉种类、设备型号、灵敏度试片规格、检验标准、验收标准、验收结果、检测日期、检测人员签字及技术资格、责任工程师签字等内容。报告不得有涂改，字迹要清晰。

（十三）保存

所有检测记录、检测报告保存时间为 10 年。

二、渗透检测

（一）主要内容与适用范围

（1）本规程按 API Spec 16A《钻通设备规范》编制，规定了所用器材、检测技术和质量验收等。

（2）本规程适用于非多孔性固体金属材料制品开口在工件表面缺陷的检测技术。

（3）本规程采用溶剂去除型渗透检测方法，渗透检测方法适用的工件温度范围为 15～52℃，当工件温度超出这个范围后，应作对比试验，确定检测范围后方可使用。

（二）主要参考标准

（1）ASTM E165《渗透检测操作方法》。

（2）ASTM E270《液体渗透检测术语》。

（3）SNT-TC-1A《无损检验人员的资格和证书》。

（4）API Spec 16A《钻通设备规范》。

以上引用标准及规范以最新版为准。

（三）设备、材料、工具及质量控制要求

1. 溶剂去除型着色渗透检测剂

（1）溶剂去除型渗透检测剂由渗透剂、显像剂和清洗剂组成。

（2）溶剂去除型使用的渗透剂：DPT-5 着色渗透剂；DPT-5 着色显像剂；DPT-5 着色清洗剂。

2. 试块

（1）镀铬 B 型渗透对比试块，如图 6-27 所示。

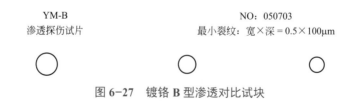

图 6-27　镀铬 B 型渗透对比试块

（2）铝合金 A 型对比试块。铝合金试块尺寸如图 6-28 所示，试块由同一试块剖开后具有相同大小的两部分组成，并打上相同的序号，分别标以 A、B 记号，A、B 试块上均应具有细密相对称的裂纹图形。

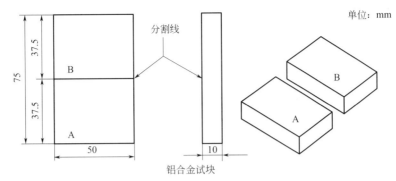

图 6-28　铝合金 A 型对比试块

（3）试块使用后处理。

试块使用后要进行清洗。通常用丙酮仔细擦洗后，再放入有丙酮和无水乙醇的混合液（1∶1）密闭容器中保存。

3.照度

（1）照度计用于测量白光照度。

（2）照明：通常工件被检处白光照度应大于 1076lx；当条件所限无法达到要求时，可见光照度可以降低但不能低于 500lx。

（3）白光照度的测试方法。

① 按仪器说明进行操作，可见光照度测量时必须将照度计放置于被检工件表面进行测试。

② 测量光线每周一次。

4.去除多余渗透剂

可采用无毛纺纱及吸湿纸去除。

使用后的无毛纺纱和吸湿纸要按 ISO 14002 规定进行回收处理并记录在册。

（四）检测要求

（1）表面制备。

① 任何检测表面不得有松散的氧化皮、锈蚀、油液、飞溅物、油漆和污物等。任何表面的焊渣、飞溅和毛刺等必须处理到不掩盖或干扰缺陷显示为止。

② 机加工被测表面的表面粗糙度 $Ra \leqslant 6.3\mu m$。

③ 检测人员检测工件时，应对检测表面状态进行详细记录。

（2）委托检测要求。

（3）除非另有规定，否则焊接接头的渗透检测应在焊接工序完成后进行，对有延迟裂纹倾向的材料，至少应在焊接完成 24h 后进行渗透检测。检测人员检测工件时，应对焊接完成后至检测的时间进行详细记录。

（4）局部检测时，制备的范围应从检测部位四周向外扩展至少 25mm（1in）。焊缝检查应至少包括焊缝周围 1/2in 范围内相邻的基体金属。

（5）检测人员工作时要佩戴防护手套和防毒面具。

（五）检测部件明细

（1）承压和控压零件的可接近润湿表面和密封表面，高应力区的非润湿和非密封表面，紧固件、起吊件的表面。

（2）为补焊（或堆焊）准备的表面，焊缝表面及其邻近 13mm 内的区域。

主要检测部件有：壳体 1、壳体 2、侧门、升高短节、四通、法兰等。

（六）检测时机、检测部位

1. 壳体 1 的检测时机和检测部位

（1）检测时机。

安排在最终热处理焊接完成 24h 后进行。

（2）检测部位。

钢圈槽焊接表面及周围 1/2in 范围内相邻的基体金属，如图 6-29 所示。

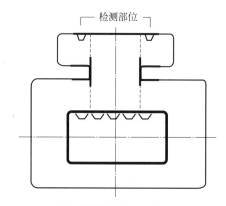

图 6-29 壳体的渗透检测部位图（图示加黑部位）

2. 壳体 2 的检测时机和检测部位

（1）检测时机。

安排在最终热处理焊接完成 24h 后进行。

（2）检测部位。

钢圈槽焊接表面及周围 1/2in 范围内相邻的基体金属，如图 6-30 所示。

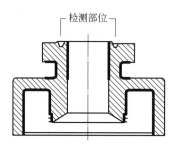

图 6-30 壳体的渗透检测部位图（图示加黑部位）

3. 侧门的检测时机和检测部位

（1）检测时机。

安排在最终热处理焊接完成 24h 后进行。

（2）检测部位。

卡簧槽焊接表面及周围 1/2in 范围内相邻的基体金属，如图 6-31 所示。

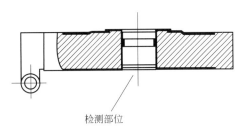

检测部位

图 6-31　侧门的渗透检测部位图（图示加黑部位）

4. 升高短节的检测时机和检测部位

（1）检测时机。

安排在最终热处理焊接完成 24h 后进行。

（2）检测部位。

密封槽焊接表面及周围 1/2in 范围内相邻的基体金属，如图 6-32 所示。

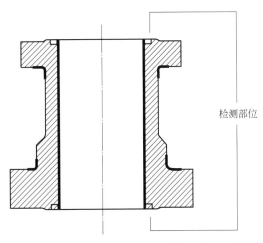

检测部位

图 6-32　升高短节的渗透检测部位图（图示加黑部位）

5. 四通的检测时机和检测部位

（1）检测时机。

安排在最终热处理焊接完成 24h 后进行。

（2）检测部位。

密封槽焊接表面及周围 1/2in 范围内相邻的基体金属，如图 6-33 所示。

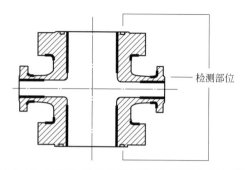

图 6-33　四通的渗透检测部位图（图示加黑部位）

6. 法兰的检测时机和检测部位

（1）检测时机。

安排在最终热处理焊接完成 24h 后进行。

（2）检测部位。

密封槽焊接表面及周围 1/2in 范围内相邻的基体金属，如图 6-34 所示。

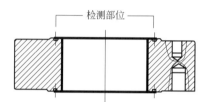

图 6-34　法兰的渗透检测部位图（图示加黑部位）

（七）溶剂去除型渗透检测流程

溶剂去除型渗透检测流程如图 6-35 所示。

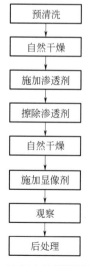

图 6-35　溶剂去除型渗透检测流程

（八）溶剂去除型着色液体渗透检测技术

1. 预清洗

清洗被检测部位表面，去除锈蚀、污物、油污等。清洗方法有：去污清洗剂清洗、溶剂清洗剂清洗、高压蒸汽除油、碱洗等（具体方法详见 ASTM E165 被检件和材料的清洗）。

2. 施加渗透剂

（1）对经清洗、干燥并大致冷却到环境温度（15 ～ 52℃）的零件被检表面施加渗透剂，并使被检部位均为渗透剂所覆盖。在渗透剂滞留时间内，渗透剂要保持湿润状态。

（2）渗透剂滞留时间为 5 ～ 15min，最少滞留时间不能低于 5min。如果检测环境温度超过了 15 ～ 52℃，则要采用铝合金 A 型渗透对比试块做对比实验，取得合适的渗透时间。

施加渗透剂时应注意以下几点：

（1）渗透剂应在 15 ～ 52℃使用，超过此范围应对操作方法进行鉴定。

（2）温度低于 15℃条件下渗透检测方法的鉴定：在试块和所有使用材料都降到预定温度后，将拟采用的低温检测方法用于 B 区。在 A 区用标准方法进行检测，比较 A、B 两区的裂纹显示痕迹。如果显示痕迹基本上相同，则可以认为准备采用的方法经过鉴定是可行的。

（3）温度高于 52℃条件下渗透检测方法的鉴定：如果拟采用的检测温度高于 50℃，则需将试块 B 加温并在整个检测过程中保持这一温度，将拟采用的检测方法用于 B 区。在 A 区用标准方法进行检测，比较 A、B 两区的裂纹显示痕迹。如果显示痕迹基本上相同，则可以认为准备采用的方法经过鉴定是可行的。

3. 渗透剂的去除

先用无毛纺纱或吸湿纸擦去多余的溶剂清洗型渗透剂，要反复擦拭，直至绝大部分剩余的渗透剂被除去，再用溶剂润湿的无毛纺纱或吸湿纸擦拭表面，除去残留的渗透剂痕迹。为了尽量避免将不连续性中的渗透剂去除掉，要防止使用过多的溶剂。在施加渗透剂后到显像前这一阶段中，禁止用溶剂冲洗表面。

4. 表面干燥

对于溶剂去除型着色液体渗透检测方法，可以用正常蒸发的方法使表面干燥。

5. 施加显像剂

施加显像剂应在去除多余的渗透剂之后尽快进行，其间隔时间不能超过 2min。喷涂厚度不够时，可能无法吸出不连续性中的渗透剂；相反，喷涂厚度过大也可能掩盖显示。

（1）显像剂施加时，罐体温度要保持在 15 ～ 35℃，以保证喷液呈雾状。使用前要摇匀罐内显像剂，以保证喷洒均匀。

（2）严禁使用火烤、开水浸烫等危险方法对显像剂罐体进行加温，一般应在保温室里进行正常保温。

（3）表面的不连续性是以渗透剂的渗出显示的，然而由于其他的表面状态造成的表面凹凸不平，也可能产生虚假的显示迹象，要注意判断。

6. 辨认检查

在显像剂施加后 10 ～ 20min，应做出最终判断，如果检测面积过大不能在规定的时间内完成，应分段进行检测。

7. 后处理

对于着色渗透探伤检测完的工件，先用干布擦拭，再用溶剂清洗擦拭。要擦拭干净，防止锈蚀。

（九）不连续性说明

（1）显示分为相关显示、非相关显示和虚假显示，非相关显示和虚假显示不必记录和评定。

（2）除确认显示是由外界因素和操作不当引起的之外，其他显示均应作为相关显示处理。

（3）长度与宽度之比大于 3 的不连续性显示，按线性相关显示处理；长度与宽度之比不大于 3 的相关显示，按圆形不连续性处理。

（十）验收准则

相关显示：只有主尺寸大于 1.6mm（1/16in）的显示才认为是相关显示。

1. 热加工零件

（1）非压力接触（金属对金属）密封表面的验收准则：

① 相关指示主尺寸应小于 5mm（0.2in）。

② 在任一个连续的 40cm²（6in²）面积上相关指示不得超过 10 个。

③ 在任一条直线上不得有 4 个或 4 个以上间距小于 1.5mm（0.06in）（边缘到边缘）的相关显示。

（2）压力接触（金属对金属）密封表面的验收准则：

在压力接触（金属对金属）密封表面上不允许有相关显示。

2. 焊缝及堆焊

验收准则同热加工零件，但有以下不同：

当要求进行检测时，必须根据本节所规定的方法及验收准则对基本焊接变量及设备进行监控，并对完工的焊接件［至少包含 12mm（1/2in）的周围基体金属］及全部可接近的焊缝进行检查。

（1）不得有任何线性相关显示。

（2）对于深度不超过 16mm（0.63in）的焊缝，不得有大于 3mm（0.118in）的圆形显示。

（3）对于深度超过 16mm（0.63in）的焊缝，不得有大于 5mm（0.2in）的圆形显示。

（十一）补焊后验收

（1）应使用与检验基体金属相同的方法和验收准则对所有补焊焊缝进行检验。

（2）检查应包括 1/2in 范围内相邻的基体金属。

（3）焊前应对补焊处的打磨表面进行检查，以保证缺陷的去除符合焊缝的验收准则。

（十二）检测记录

（1）对检测的相关参数要做记录。

（2）对于所有的相关显示均要做检测记录。

（3）检测记录中要包括委托单位、工件名称、工件编号、渗透剂型号、显像剂型号、渗透时间、去除方法、显像时间、渗透温度、执行标准、验收标准、验收结果、缺陷图示、检测日期、检测人员签字等内容。检测记录不得有涂改，字迹清晰。

（十三）检测报告

检测报告应包括委托单位、工件名称、工件编号、渗透剂型号、显像剂型号、渗透时间、去除方法、显像时间、渗透温度、执行标准、验收标准、验收结果、检测日期、检测人员签字及技术资格、责任工程师签字等内容。检测记录不得有涂改，字迹清晰。

（十四）保存

所有检测记录、检测报告保存时间为 7 年。

三、反差增强剂的使用时机及方法

（一）检测时机

工件表面清理干净后，先喷反差增强剂，然后做磁粉检测。

（二）使用方法

（1）使用前将喷罐充分摇匀，使罐内的悬浊液混合均匀后喷洒。

（2）对准被检工件的部位，保持 200 ～ 300mm 的距离。

（3）均匀喷涂薄薄一层白色悬浊液覆盖表面即可，切勿出现过厚的现象，以免造成悬浊液往低处流淌、灵敏度下降、缺陷判别困难、干燥时间延长等不良后果。

（4）白色薄膜干燥后即可进行磁粉探伤，在覆盖反差增强剂的表面一边充磁，一边施加磁悬液。为了便于导磁，建议先刷去探头接触部位的白色薄膜，露出金属的本底，再进行检测。

（5）当探伤完毕，如需清除反差增强剂，一般用水溶液清洗即可。如果因工件毛糙而未能彻底清除反差增强剂，使用纱布或刷子进行擦除。

（三）注意事项

（1）使用反差增强剂前，充分摇匀罐内液体，并仔细阅读喷罐上的使用说明。如误入眼睛，立即用大量清水冲洗，若还有不适应及时就医。

（2）当使用喷罐时勿对着明火喷洒，喷罐应在低于50℃的环境温度下置放和保存，放置于儿童接触不到的地方。

（3）当在容器内使用时，注意通风。操作人员长时间使用时，应经常到通风处呼吸些新鲜空气。喷罐使用完毕后，将罐身刺穿后废弃。

（4）如工件表面有锈蚀时，使用反差增强剂后表面颜色会略带淡黄色，不影响观察。

第七章
井控设备安装标准作业程序

本章介绍的井控设备安装标准作业程序（简称SOP）仅供读者参考，现场具体要求需参照施工区块所属油气田的井控实施细则来执行。

第一节　井控设备布局与安装

一、安装前的准备工作

（1）所有设备在上井前应在井控车间内按相关产品标准进行密封试压、试验，合格后方可运往井场。

（2）设备在储存和运输过程中要保护好各种气液管线的连接口，防止其碰坏或进入杂物，螺孔、密封垫环槽等要涂防锈油。

（3）安装前检查垫环槽、垫环、密封件、螺栓、螺母应完好，型号应准确。

二、井控设备的布局

站在大门坡道处，面对井口方向，节流管汇应安装在井口四通右翼，压井管汇安装在井口四通左翼。

远程控制台应安装在钻台的左侧距离井口25m远处，防喷器液控油口应朝向钻机绞车一侧。当压井管汇与井场钻井泵连接时，其连接管线的走向应从井架后门方向绕过或从井架前接到阀门组处。现场防喷器组布置如图7-1所示。

图7-1　防喷器组

三、井控设备的安装

（一）钻井四通的安装

四通的两个侧出口应正对底座两侧方向，安装时两侧出口要高出圆井上平面。

为操作方便，四通两侧平板阀门一般水平放置，手轮对着井架大门正面（图7-2）。

图 7-2　四通两侧平板阀水平放置

安装时使用防喷器吊装装置将四通吊起，放平，送至井口，两人扶正四通坐在井口上，上紧螺栓。

（二）闸板防喷器的安装

（1）配相应的闸板总成。

（2）使用防喷器吊装装置，防喷器两端各挂一根尺寸合适的钢丝绳套，操作液压站，将防喷器缓慢吊起，使防喷器平衡，缓慢将防喷器移到井口，找正螺栓的位置，慢慢放下，连接螺栓并上紧。壳体向上的箭头（或 TOP）标记，使闸板腔室顶密封面朝上，切勿装反。控制油口对着井架后大门方向。

（3）安装手动锁紧杆，下部应有支架支撑，确保转动灵活。

（4）手轮处应挂牌标明锁紧（关闭）和解锁的旋向及圈数，以及锁紧或解锁的状态。

（5）手动锁紧杆伸出井架底座以外，与中心线夹角小于30°，两手轮转动时不能相互干扰，手轮高于地面1.6m时应装带有护栏的操作台。

（三）环形防喷器的安装

（1）吊车将环形防喷器吊入钻台大门滑道下。

（2）使用防喷器吊装装置和配套的绳套将环形防喷器吊起，缓慢移动到井口的闸板防喷器上部（图7-3）。

使用防喷器吊装
装置安装防喷器

图 7-3　环型防喷器吊装

（3）缓慢下放环型防喷器至闸板防喷器上端，两边人员扶正，使环形下法兰的孔对准闸板防喷器的上部栽丝，慢慢放下防喷器，确保密封钢圈没有脱离密封槽。对正后，按顺序对角紧固螺母。

（四）防喷器组的固定

（1）防喷器的安装要保证其通径中心与天车、转盘中心线一致，偏差不超过 10mm，校正后将防喷器组用 16mm（5/8in）钢丝绳及正反螺栓牢牢固定在井架底座上。

（2）防喷器控制油口对着井架后大门方向。

（五）节流管汇、压井管汇、液气分离器的安装

1. 节流管汇、压井管汇的安装

（1）将节流管汇移至钻台右侧合适的位置，将防喷管线（硬质管线或 $4\frac{1}{16}$in 内控铠装高压软管）连接到节流管汇相应的法兰上。

（2）放喷管线从节流管汇连接至距井口 75m 远处，无小于 120° 的弯角，每 10～15m 用基墩加地脚螺栓固定。

（3）节流管汇的一端连接到液气分离器上。

（4）压井管汇就位于钻台左侧合适位置，通过硬质管线或 $4\frac{1}{16}$in 内控铠装高压软管连接到井口四通上。

（5）压井管线与管汇相连，压井管线延伸至井场合适的、适于水泥车压井操作的地方。

（6）现场安装主要注意事项：

① 节流、压井管汇底座应放置在夯实的地面或者水泥基础上。

② 节流、压井管汇上的压力表量程与管汇额定压力要匹配。

③ 节流、压井管汇上的压力表必须垂直向上安装，不允许倒装。

④ 放喷管线不应跨越钻井液池，应沿地面铺设。

⑤ 放喷管线出口处使用双基墩固定。

2. 液气分离器的安装

（1）将液气分离器吊装放置在节流管汇和振动筛侧的底座上（图7-4）。

液气分离器位于节流管汇外侧

图7-4　液气分离器安装位置

（2）液气分离器钻井液排液管线的内径应不小于进口管线的内径，钻井液直接排放到振动筛进口管汇或钻井液储备罐。

（3）排气管线的直径不能小于设计直径，并且管线上不能装阀门。

（4）排气管线要连接到距井口50m以外，使用直立式燃烧管。每隔10～15m用基墩固定。

注：出液管出口应高于出液管入口，这个高度应使液面位于分离器高度30%左右，或使分离器最低液面与被排液口之间的高度差大于3倍的出液管直径。

（六）防喷器控制系统的连接与安装

1. 控制系统安装到位

吊装远程控制台时，用4根合适的钢丝绳套（7/8in的压制绳套）于底座的四角起吊，就位于离井口25m远钻台左侧或根据井场布局安放到指定位置。

吊装司钻控制台时用钢丝绳穿过吊耳起吊，以确保安全。司钻控制台放置于钻台上便于司钻操作的位置，并固定牢靠。司钻台上不应安装操作剪切全封闸板防喷器的控制阀。

2. 液控管线的连接

远程控制房的底座后槽钢上对应每根油管线均焊有"O"或"C"（意为"开"或

"关"）的标识，连接时要和防喷器的本体上的"O"或"C"相对应。

（1）安装连接前，将接头和液控管线内部清理干净。

（2）从防喷器本体开始，依次连接管线，连接处的活接头用铁锤砸紧。

3. 气控管线的连接

连接的软管应无老化、龟裂等现象；连接管线时应保证没有死弯，管线接头连接可靠。

（1）将空气管缆两端的法兰分别与司控台、远程控制台相连。

（2）对于控制用的空气管缆，连接前要仔细检查整条管缆的本体，查看保护层是否有破损，特别是内部的细管是否有断裂的情况。

（3）在法兰面间垫好密封垫，螺栓上紧时要均匀。

（4）远程控制台的气源使用内径为 32mm 的软管连接，司钻控制台的气源使用内径为 16mm 的软管连接。

（5）软管与接头的连接处需用喉箍卡紧。

4. 电源的连接

接线时断开电控箱的开关，以防突然启动，发生意外。

（1）远程控制台要专线单独供电。

（2）远程控制台应按电动机的要求接入相应电压及频率的电源。一般情况下电动机要求电压为 380V，3 相，50Hz 的交流电源，380V 电源需用 10mm² 或以上的 3 芯软电缆。房内照明灯要求电压为 220V，单相，50Hz 的交流电源，220V 电源需用 2.5mm² 或以上的 2 芯软电缆。

（3）远程控制台的电控箱地线端子接地电阻小于 10Ω。

（4）除了电源规格与设备要求匹配之外，电源应有足够的容量，以保证设备正常启动和运行。

第二节　防喷器等井控设备
安装标准作业程序

一、防喷器安装拆卸标准作业程序

（一）安全注意事项

（1）取得相关作业吊装、动火工作许可，做好吊甩风险评估。

（2）检查提升载荷极限（WLL），所有提升和悬挂装置标上醒目的色标。

（3）应保持作业区干净整洁。

（4）必须在开始作业前召开班前会，讨论作业程序、设备、工具和安全事宜。

（5）应保持生产设备清洁和运行状态良好。

（6）必须用警示带封闭作业区。吊运防喷器时，非必要人员需撤退到安全区域。

（7）在安全带上连接防坠落装置。

（8）举行工作前安全分析会议并讨论作业——采用 JSA 作业法和危险源辨识书。

（9）确保所有的工具及设备干净清洁并能正常使用。

（二）作业前的准备与检查

（1）带班队长需监管整个作业过程。

（2）确保班组在开始作业前已了解防喷器组合高度。

（3）确保连接底法兰清洁并已检查尺寸相符。

（4）确保已清洗、检查和润滑所有井口、转换法兰和四通法兰钢圈槽。

（5）在安装前确保已清洗、检查和润滑防喷器法兰。

（6）检查所有钢圈的尺寸、型号和额定压力，并确保所有钢圈都是新的。

（7）检查锤击扳手的尺寸与螺栓尺寸相符，掌握锤击扳手的使用方法。

（8）检查悬挂链和吊环。

（9）确保所有螺钉、螺栓、螺母和螺纹清洁且完好无损。确保上下栽丝法兰 / 钻井四通的尺寸和额定压力正确。

（10）使用安全绳索、绞车或梯子搬运手工具，禁止抛甩手工具、螺母和螺栓等金属件。

（11）目测头顶防喷器起吊梁，确保吊梁的作业区域无障碍物。

（12）确保防喷器移动装置可用，且已经过检测和认证。

（三）作业程序

（1）切割修整套管并安装套管头。

（2）使用吊车吊起套管头卡瓦式法兰，并将其安装在套管头上。

（3）紧固套管头锁定的螺钉。井口服务人员测试套管头装置和密封组件。

（4）将防喷器移动装置移动到封井器组上方。

（5）将防喷器移动装置与防喷器组牢固连接。

（6）卸下试压底座的螺栓，吊起防喷器至合适高度并移至四通法兰上方。

（7）用软布擦去防喷器和四通密封区域的油污。

（8）检查环形槽是否受损、刮伤或有腐蚀斑点。

（9）清洗并彻底晾干密封钢圈。

（10）在环形槽内安装一个新的钢圈。

（11）将防喷器下放到上下栽丝法兰上方，确保防喷器法兰上的螺栓和螺孔已对齐并用手拧紧。

（12）用锤击扳手或扭矩扳手按一定顺序扭动螺母：先扭动相对的螺母，接下来扭动相隔90°的，然后相隔扭动45°的，以此类推。正确装配可以保证法兰之间间隙均匀且暴露在每个螺母外的螺纹都一样长。

（13）安装上紧节流管线和压井管线。用吊车或气动绞车挂软吊带，将节流压井管线吊起，确保法兰对准。如果不对正，需要用链钳时，先确保链钳吃紧，再用手抓紧链钳手把调整方向，使螺栓孔对正，然后用螺栓上紧，上紧方法同上。

（14）安装连接液压管线到远程控制台上，安装灌浆管线和防喷器绷绳。

（15）安装井口喇叭口和钻井液返回管线，安装防喷器手动锁紧杆。

（16）进行防喷器组功能测试，然后根据规格进行试压并记录结果。

（四）拆卸防喷器

（1）拆卸之前拆甩大门坡道，将远控台及控制管线内压力泄掉，清洗干净防喷器内外。打开防喷器侧门，使用高压清洗机清洗防喷器内部。

（2）用清洁水源冲洗所有地面设备（压井管线、节流管线、节流压井管汇）。

（3）将防喷器周围的整个工作区域清理干净。

（4）拆卸液压管线、灌注管线和绷绳。

（5）拆掉钻井液返出管线和喇叭口导管。

（6）移除压井管线和节流管线。

（7）松开防喷器组法兰上的螺母，用防喷器移动装置提起防喷器。

（8）下放防喷器并移除底部法兰的所有螺栓。

（9）提起并利用防喷器移动装置将防喷器移至试压法兰上方。

（10）清洗并检查防喷器上的钢圈槽。

（11）在试压法兰上安装钢圈并将防喷器下放至试压法兰上。

（12）利用螺栓和螺母将防喷器安装在试压法兰上。

（13）清洗井口法兰、环形槽，并将其盖住以防止沾上杂物。

（14）做好安装采油树的准备工作。

二、防喷器更换闸板标准作业程序

（一）安全注意事项

（1）将试压塞安装到钻杆的外螺纹端上，必须用链钳拧紧试压塞。

（2）使用锤击式扳手时，在锤击过程中使用尾绳固定。

（3）防喷器钻台工与气动绞车操作员二者之间的通信联络非常重要。通常情况下，气动绞车操作员难以直接看到防喷器钻台工。因此，司钻必须对作业进行协调。

（4）召开工作前安全分析会，并讨论作业法——采用JSA作业法。

（5）确保所有的工具及设备干净清洁，并处于能正常工作的状态。

（6）向现场操作员工介绍作业程序和准备使用的设备。

（二）更换顶部防喷器闸板

（1）使用锤击式扳手、液压扭矩扳手或气动扳手松开侧门上的所有螺栓，直至能用手将其取出为止。

（2）当司钻通过操作控制手柄打开侧门以使液压控制台上的防喷器闸板进入关闭状态时，应确保防喷器附近无人。

（3）一旦侧门打开，应彻底清洗防喷器闸板。

（4）将一个吊耳螺栓拧进防喷器闸板。挂上气动绞车或液压绞车的钩子并系上尾绳，为操作做好准备。

（5）当司钻收到钻台工发出的信号时，由司钻指令气动绞车操作员将防喷器闸板缓慢拉上来，同时钻台工使用尾绳引导闸板离开闸板轴。

（6）将防喷器闸板吊至防喷器上方，并将其放在远离原井的地方。

（7）更换另外一侧防喷器闸板，重复步骤（3）到（6）。

（8）防喷器安装后，给两块闸板及防喷器内腔涂抹锂基脂。

（9）司钻检查侧门密封是否受损，并根据需要进行替换。

（10）取走盖在防喷器上方的井盖。

（11）当司钻通过操作控制手柄打开侧门时，手柄处于开位，应确保防喷器附近无人。

（12）将侧门螺栓安回到防喷器上，并将螺栓上紧。后使用锤击式扳手或液压扭矩扳手上紧螺栓。

（13）在打开全封闸板之前，确保在闸板下方不会有压力，如有必要，可通过节流或压井管汇处释放掉压力。

（14）司钻打开全封闸板，并对防喷器进行功能测试。

（15）对防喷器闸板及侧门密封进行压力测试，以满足规定的压力要求。

（三）更换底部防喷器闸板

（1）将试压塞或收回工具安装到钻杆台座的外螺纹端上。

（2）将试压塞安装到安装工具上。

（3）使用气动绞车将转盘小补芯取出。

（4）打开套管头的环形阀，并将防喷器组里的水排掉。排水结束后，关闭阀门。

（5）检查螺栓松紧，确保它们已完全到位。

（6）司钻检查防喷器，确保防喷器已完全打开。

（7）司钻缓慢下放钻杆立柱，将试压塞放入防喷器，同时钻台工对试压塞进行引导，避免试压塞刮到防喷器。

（8）将试压塞放入套管头内。

（9）钻台工拧开锁定螺帽，并拧入松紧螺栓。

（10）司钻放低游车，取出钻杆接头。

（11）钻台工使用链钳旋转钻杆，并将试压塞与设置/取出工具分开。

（12）司钻通过使用绞车及取出工具，缓慢提升钻杆立柱。同时，钻台工将接头引导出防喷器组。

（13）钻井工给转盘处井身开口盖上盖子。

（14）司钻和钻台工按照上面更换顶部闸板步骤更换闸板。

（15）在对防喷器闸板及侧门密封进行压力测试后，由司钻和钻台工使用取出工具取回试压塞。

三、内防喷工具使用标准作业程序

（一）配置要求

（1）内防喷工具的额定工作压力按照钻井设计（井控装备配套要求）执行。

（2）开钻前所有内防喷工具配备到位。

（3）每种规格的旋塞阀、箭式止回阀、回压阀、钻具浮阀现场应至少有1只备用（图7-5至图7-7）。

应急旋塞阀

图 7-5　应急旋塞阀

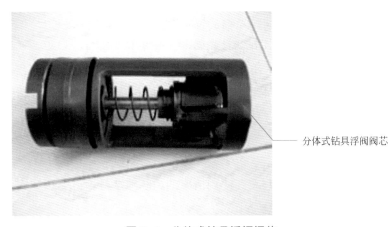

分体式钻具浮阀阀芯

图 7-6　分体式钻具浮阀阀芯

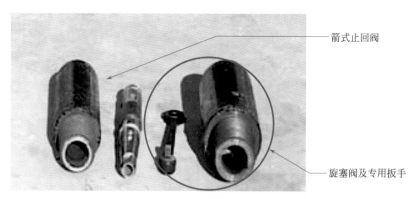

箭式止回阀

旋塞阀及专用扳手

图 7-7　止回阀、旋塞阀及专用扳手

（4）使用复合钻杆时，要配齐与闸板直径相匹配的防喷立柱或单根；原钻机试油并使用复合钻具时，配备的转换接头螺纹要与防喷立柱或单根及应急旋塞阀螺纹一致；下套管作业时，应提前配备变扣接头和防喷单根。

（二）到井验收

（1）内防喷工具到井后，检查是否附有产品检验合格证和内防喷工具使用跟踪卡，并核实与实物是否一致。

（2）检查出厂编号、自编号是否与产品检验合格证和内防喷工具使用跟踪卡一致。

（3）检查配套的开关扳手是否齐全、完好和匹配。

（4）检查相应内防喷工具开关是否灵活，密封面、密封阶台面和旋钮是否完好。

（5）检查内防喷工具的螺纹类型、压力等级、外径及水眼等内容。

（6）检查箭式止回阀、回压阀、浮阀活塞是否灵活、无阻卡现象。

（三）存放要求

（1）未投入使用的内防喷工具应配螺纹保护器（护丝），存放在库房内。

（2）待使用的箭式止回阀、回压阀、应急旋塞阀放在钻台专用架上，标明规格、扣型，并有螺纹防护措施；防喷立柱立于钻台可随时拉出使用的钻杆盒适当位置和支梁内；使用方钻杆时或下套管前配一根防喷单根放置在滑道上。

（3）待使用的应急旋塞阀与入井钻具相匹配，配备开关工具。

（4）应急旋塞阀、防喷立柱（防喷单根）上部旋塞阀处于常开状态。

（5）防喷立柱和防喷单根下部外螺纹与下井钻铤相匹配；防喷立柱和防喷单根上部内螺纹与在用钻杆相匹配。

（四）现场使用

（1）使用记录不清楚，无法判断其使用情况的内防喷工具不得继续使用。

（2）每班对旋塞阀开关活动检查 1 次。

（3）每次起钻前要对内防喷工具进行检查，对旋塞阀开关或其他内防喷工具活动检查

1 次，不合格者不得继续使用，确保灵活好用。

（4）入井内防喷工具每次起出时要认真检查，发现损伤或冲蚀现象应立即更换。

（5）在连接和拆卸时，钳头咬合部位应避开旋钮部位和标记槽。

（6）旋塞阀使用过程中处于全开或全关状态，不应在开关不到位的状态下使用。

（7）开关旋塞阀时，扳手应完全插入旋塞阀孔内，不得强行或使用加力杆扳动。

（8）旋塞阀单向承压需开启时，应先注入平衡压力，再进行开启。

（9）不应打开旋塞阀进行泄压。

（10）安装钻具浮阀或钻具回压阀时，每下 5 ～ 10 柱钻杆要灌满一次钻井液，下钻中途和到井底开泵前必须先往钻具内灌满钻井液，然后再开泵循环。

（11）每班工作结束，应及时填写内防喷工具跟踪记录卡。

（12）实施压井等特殊作业后，应及时回收使用过的内防喷工具，检测、试压，并出具合格证。

（13）内防喷工具在使用过程中达到以下条件之一者，应停止使用：

① 连接螺纹、密封台肩损坏、阀件变形腐蚀；

② 开关不能到位；

③ 本体发生刺漏；

④ 密封失效；

⑤ 试压不合格；

⑥ 无损检测不合格。

（五）维护保养

（1）待命内防喷工具两端应佩戴护丝，防止异物进入。

（2）使用后应清洗检查两端螺纹、密封阶台是否完好，并在螺纹处涂抹洁净的螺纹脂；活动阀芯的同时向阀芯腔室加注润滑油。

（六）压力试验

1. 试验要求

（1）在用（含备用）旋塞阀应进行额定工作压力试压检验：钻井用旋塞阀检验周期为 21 天；井下作业用旋塞阀检验周期为半年。

（2）在用（含备用）旋塞阀每 21 天按设计压力进行试压检验。

（3）试压检验结束，应用压缩空气将试压介质吹扫干净，并在螺纹处涂抹洁净的螺纹脂；活动阀芯的同时向阀芯腔室加注润滑油。

（4）试压检验后，填写试压记录。

以上试压时间仅供参考，具体根据各自油田井控实施细则执行。

2. 稳压时间

稳压时间不应低于 5min，且外观无渗漏、压降不大于 100psi 为合格。

四、计量罐使用标准作业程序

（一）安全注意事项

（1）在起下钻时，应对井筒中的钻井液的更换和变化进行监测和记录。

（2）司钻应负责灌浆，确保井眼正确灌浆。

（3）计量罐监测器与图表用于所有起钻和下钻，包括检查钻具起下钻、更换钻头起下钻、改变井底钻具组合起下钻、下套管及钢缆作业等。

（4）所有计量罐液体的加注、排放或转移都要在司钻的指导下进行。

（5）司钻应负责编制手动备份应急方案，以防止计量罐或监测设施的任何自动记录发生故障。

（二）预防措施

（1）所有钻井液罐和钻井液池的容量监测设施应工作正常（机械计量罐容量刻度指示器作为备用）。

（2）在任何起下钻作业前，司钻必须对计量罐、监测器和记录仪的工作状态进行确认。

（3）如果灌入或排出的容量出现任何异常，司钻应立即通知带班队长或现场监督，参照甲方下发的井眼检测标准进行处理。

（4）起下钻过程中，运行中的地面循环系统必须与计量罐和井眼容量隔离。

（5）在加重或打重浆帽之后，隔离配料罐。

（6）对循环系统进行检查，确定是否有泄漏。

（三）作业程序

1. 起钻

（1）井架工或副司钻应将地面循环系统隔离，使钻井液搅拌器保持运转。关闭所有进入钻井液池内的流体。

（2）关闭钻井液振动筛和固控设备。

（3）关闭计量罐排泄管线阀门，检查计量罐泵（在起钻前循环时进行）。

（4）副司钻在接到司钻的通知后，应将计量罐与井眼连接，并隔离出水管线与振动筛之间的隔板，将井内返出的钻井液全部流回到计量罐，司钻可通过司钻控制面板灌浆。

（5）司钻根据需要通知副司钻从 5 号罐用加重泵加注计量罐。

（6）副司钻应倒好计量罐水泵及阀门，以便向井筒内连续灌浆。

（7）司钻应在灌浆记录表上记录每起下 5 柱钻杆时所注入井眼的钻井液，并与之前数据进行对比。

（8）在正常井眼条件下，井眼应持续采用计量罐泵进行灌浆。

如果有任何液体从井眼返回，应马上关井，按照关井程序执行。

2. 下钻

（1）副司钻／井架工应对地面钻井液量进行检查，确保钻井液池中有足够的钻井液。

（2）调整计量罐，以接收钻具的替排量。所有从井眼中返回的液体应流入计量罐，如果井眼灌浆，钻井液应来自计量罐。

（3）在下钻计量罐快满时，副司钻在接到司钻指令后，应立即放空计量罐，使钻井液回到运行的循环罐系统。钻井液振动筛将处理来自计量罐的钻井液。振动筛配旁通管可使无用固相（来自管道保护器或钻井液电动机等）和钻屑进入运行中的地面循环系统。

（4）起下钻后，井架工或钻井液工应冲洗钻井液池液面漂浮物和计量罐系统上的固体物。

（5）起下钻过程中，应对从计量罐记录仪、钻井液池容量累加器、录井人员和钻井液技术人员那里获得的记录进行比较。

对于严重漏失井或欠平衡井，应根据甲方监督的指示采取特殊程序。

五、液气分离器安装使用标准作业程序

（一）安全注意事项

（1）所有液气分离器均具有压力和容量限制，必须对其有所了解和观察。

（2）如检测到气体且气体未被排出系统，应通知全体人员。

（3）确保关闭液气分离器上的排液阀，建立钻井液密封。

（4）在使用液气分离器时，应考虑风向。

（5）召开工作前安全会议并讨论作业（利用工作安全分析程序和风险识别手册）。

（二）风险削减措施

（1）带班队长或钻井工程师应指导液气分离器的操作。

（2）确保燃烧管线和排液管线内径符合行业标准。

（3）液气分离器安装后，需从节流管汇处工作，确保进液量受控。

（4）确保节流管汇至液气分离器之间的管线保持清洁，且在使用后无阻塞。

（5）确保液气分离器排液管的钻井液液柱密封至少为 3.05m（10ft）。

（6）确保液气分离器和排气管线安装牢固。

（7）严禁对分离器总成实施热工作业。

（8）每年进行一次壁厚检测，壁厚低于 OEM 最低推荐标准予以报废。

（三）设备安装、连接与一般维护

（1）液气分离器应固定在专用的底座或平整、坚实的地面上，用绷绳拉紧（图 7-8）。

（2）使用与井控系统压力等级匹配的 4in 的 GJF 高压绝热阻燃软管连接节流管汇 J9 平板阀与液气分离器进液管线，连接方式为双法兰连接。J9 平板阀为常开状态。

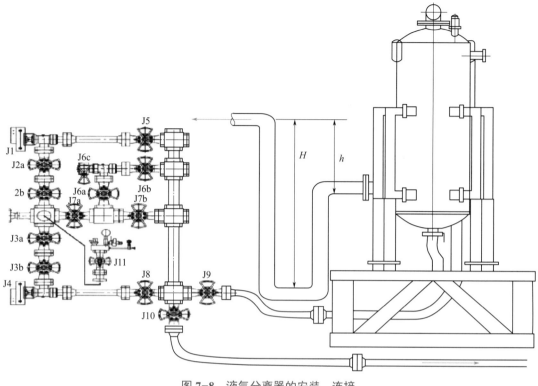

图 7-8　液气分离器的安装、连接

（3）使用与井控系统压力等级匹配的 4in 的 GJF 高压绝热阻燃软管连接节流管汇 J10 平板阀与放喷管线，连接方式为双法兰连接。

（4）铠甲管线中部使用基墩固定，管线弯曲最小曲率半径不小于 1.8m，两端系挂安全绳（链），安全卡卡在软管上距端部接箍 6～10in 位置。

（5）燃烧管线使用 8in（壁厚不低于 8mm）的硬管线，平直接出距井口 50m 远，密封可靠，推荐连接方式为低压锤击活接头。管线接有防回火装置、点火装置，防回火装置与点火装置间隔一根燃烧管线。安装燃烧管线和放喷管线时，使用吊车或叉车先将固定基墩摆放就位，然后将 8in 硬管线摆放在基墩上，每根管线一个基墩。当使用吊车吊起燃烧管线时，带班队长首先检查软吊带状态和安全载荷。专人指挥吊车，最少 2 个安装员工扶正燃烧管线，安装时注意人员站位，因靠近钻井液坑，防止掉入坑内。燃烧管线之间是活接头连接，管线活接头对正后先用手上紧，再用铁锤砸紧，连接完管线后用扳手将管线和基墩用压板和螺栓固定好。

（6）排液管线使用 8in（壁厚不低于 8mm）的硬管线，出口位于钻井液分流槽上方，出口及 U 形管底部有支撑并固定牢靠，U 形管底部装有排污球阀，连接管线，引入排污池。U 形管形成一二级液体密封，h 不小于 0.9m（3ft），H 不小于 3.05m（10ft）。

（7）分离器总成属压力容器，必须在规定的工作压力和工作环境中使用，严禁超压使用。

（8）安全阀应定期校验，每两年一次。安全阀排气口禁止安装附加管线，排气口指向排污坑方向。

（9）液气分离器安装高低位压力表，压力表量程推荐为20psi，为便于司钻在操控节流控制箱时能直接读取压力值，推荐表盘直径不低于200mm（图7-9）。

（10）罐底排污阀保持关闭的待命状态，推荐U形管灌满清水，确保液柱密封。

（11）每年进行一次壁厚检测，若有必要，每年进行罐内清理，人员进入时，执行受限空间作业许可制度。

（12）当并联使用时，排液管和排气管要单设，切忌共用。

图7-9 压力表量程及颜色标注

（四）液体密封垫计算与压力表标识

（1）实际测量出一级液体密封垫高度 h（ft），二级液体密封垫高度 H（ft）。

（2）分别计算一级液体密封垫静液柱压力 p_h，二级液体密封垫静液柱压力 p_H。

$$p_h = \rho g h \tag{7-1}$$

$$p_H = \rho g H \tag{7-2}$$

式中　p_H，p_h——液体密封压力，psi；

　　　ρ——钻井液密度，取井段最小钻井液密度，某项目推荐 9.2 ppg（1.10g/cm^3）；

　　　g——0.052。

例7-1 经测量，h 为 3.0ft，H 为 12.8ft，求 p_h 和 p_H。

解：$p_h = \rho g h = 9.2 \times 0.052 \times 3.0 = 1.4$（psi）

$p_H = \rho g H = 9.2 \times 0.052 \times 12.8 = 6.1$（psi）

答：p_h 和 p_H 分别为 1.4psi 和 6.1psi。

（3）分别在高低位压力表上做醒目标记。推荐超过 p_H 压力值标注红色（图7-9）。

（4）作业程序。

①溢流关井，套管压力高于最大允许关井套管压力，需节流放压的液气分离器操作。

a. 带班队长或钻井工程师负责下达操作指令，司钻负责操作节流控制箱来操控液动节流阀，井架工负责开关手动节流阀，两名钻工分别负责操作 J9 平板阀与 J10 平板阀。

b. 操控节流阀开度，确保液气分离器压力表压力指示在绿、黄区域（图7-9）。

c. 启动点火装置，点燃分离出的气体。

d. 若有必要，同时运转真空除气器，做最终除气处理。

e. 当关井压力恢复到新计算的关井压力后，关井继续观察关井压力变化。

f. 做压井作业准备。

g. 一旦检测到含有 H_2S，立即启动 H_2S 应急预案。必要时，停泵，关井。

h. 液气分离器使用完毕后，应用清水冲洗内部，打开罐底排污阀及 U 形管底部排污阀清污。

i. 恢复节流管汇各阀正常开关状态。

j. 关闭 U 形管排污阀，关闭液气分离器罐底排污阀。

②压井作业中，液气分离器的操作。

a. 按照压井施工单操控节流阀开度，确保立管压力符合压井施工单数据。

b. 带班队长或钻井工程师负责下达操作指令，司钻负责操作节流控制箱来操控液动节流阀，井架工负责开关手动节流阀，两名钻工分别负责操作 J9 平板阀与 J10 平板阀。

c. 确保液气分离器压力表压力指示在绿、黄区域（图 7-9）。

d. 启动点火装置，点燃分离出的气体。

e. 若有必要，同时运转真空除气器，做最终除气处理。

f. 计算油气上窜至距井口 25% 井深时，注意液气分离器压力显示，若临近红色区域，迅速打开 J10 平板阀同时关闭 J9 平板阀，放喷至放喷坑内。

g. 一旦检测到含有 H_2S，立即启动 H_2S 应急预案。必要时，停泵，关井。

h. 液气分离器使用完毕后，应用清水冲洗内部，打开罐底排污阀及 U 形管底部排污阀清污。

i. 恢复节流管汇各阀正常开关状态。

j. 关闭 U 形管排污阀，关闭液气分离器罐底排污阀。

六、远程点火标准作业程序

（一）安全注意事项

如果需要靠近点火点时，必须随时监测所处位置的硫化氢和天然气浓度，必要时穿戴正压呼吸器（SCBA）且在确保安全的前提下方可靠近。

（二）点火前的检查与准备工作

（1）检查点火点附近 100m 内有无高压线及其他永久性设施，200m 内有无铁路、高速公路通过，500m 内是否有学校、医院、油库、河流、水库、人口密集及高危场所。

（2）检查安装的点火装置是否处于备用状态，可以随时启动点火作业。

（3）检查放喷管线前方排污坑和燃烧管线处的燃烧坑是否符合规定。

（4）检查液气分离器和燃烧管线上的排污口是否通畅。

（5）检查 H_2S 检测仪、正压式呼吸器等安全设施是否处于待命状态。

（6）检查手动点火装置拉绳状态及棉纱是否良好，柴油或者汽油装瓶是否就位。

（7）检查其他和点火相关的附属设施是否符合要求。

（三）实施

（1）佩戴多气体探测仪，必要时穿戴 SCBA，由专人负责点火。

（2）用打火机点燃棉纱，拉动拉绳直到火球到达燃烧管线出口。

（3）打开燃烧管线阀门，使气体排出并燃烧。

（4）气体着火后，派专人在上风向 50m 之外进行观察，监测气体燃烧情况，直至熄灭无明火。

第八章

井控装置现场失效案例分析与常见故障排除

第一节　井控装置现场失效案例分析

一、旋塞阀失效案例分析

（一）旋塞结构

旋塞主要由壳体、旋钮、拨块、前后阀座、球形阀芯和定位环构成（图 8-1）。

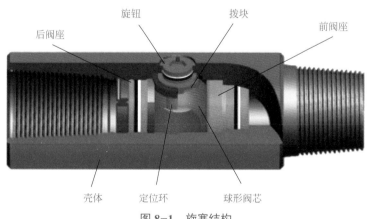

图 8-1　旋塞结构

旋钮顺时针方向旋转，带动拨块、球形阀芯旋转 90°，旋塞阀关闭（图 8-2）；旋钮逆时针方向旋转，带动拨块、球形阀芯旋转 90°，旋塞阀打开（图 8-3）。

图8-2　旋塞阀关闭状态

图8-3　旋塞阀开启状态

（二）旋塞失效统计

××年6月1日至××年7月31日，某单位为现场提供各种规格的旋塞共1145只，回收231只。回收中达到正常报废时间而强制报废的19只；未达到正常报废时间而失效的212只，占回收总数的91.8%。

回收旋塞使用情况统计如表8-1所示：

表8-1　回收旋塞使用情况统计

物资名称	回收数量	异常失效数量	平均使用时间，h	正常寿命使用百分率
上旋赛	57	56	1045	52.3%
下旋塞	174	156	558	69.8%
合计	231	212	平均加权寿命：65.5%	

经检查，发现部分旋塞异常失效，是由于维护保养不到位、使用不当致使旋塞腔室内沉积大量钻井液并干涸，导致开关不动和密封失效造成的。

（三）异常失效分析

案例1：旋钮卡死。

名称：上旋塞。

规格：6⅝in-70MPa、3½in-70MPa。

厂编：0910-15、1001-22。

使用单位：×××队、×××队。

使用井位：哈×、H×井。

使用时间：1179h。

检查情况：使用专用工具无法拆除阀座等，从壳体锯断，发现阀座生锈、阀腔内沉积大量钻井液并干涸（图8-4、图8-5）。

钻井液固化填满

图 8-4　阀座锈蚀和干涸的钻井液　　　　　图 8-5　钻井液固化填满

案例 2：密封失效。

名称：上旋塞。

规格：6⅝in -70MPa。

厂编：1002-20。

使用单位：×××队。

使用井位：轮古××井。

使用时间：893h。

检查情况：使用专用工具无法拆除阀座等，从壳体锯断，发现阀座生锈、阀腔内沉积大量钻井液并干涸（图 8-6）。

阀腔钻井液干涸

图 8-6　阀腔钻井液干涸

（四）钻井液进入阀腔的途径

1. 由阀芯平衡孔进入

在阀芯上设有一压力平衡孔，在旋塞打开状态下，钻井液通过平衡孔进入阀腔（图 8-7）。

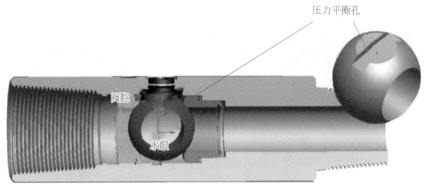

图 8-7　钻井液通过平衡孔进入阀腔

2. 开关过程进入

旋塞阀在开关过程中，水眼与阀腔连通，钻井液进入阀腔（图 8-8）。

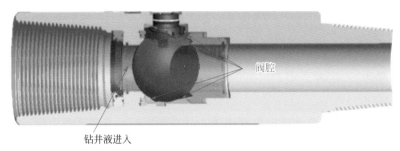

图 8-8　钻井液在旋塞阀开关过程中进入阀腔

（五）现场使用、维护保养建议

使用一周或定期需要对旋塞腔室、外观进行清洁和维护保养；将旋塞处于半开、半关状态，对通径，特别是腔室进行清洁；对螺纹进行保养；腔室内加注机油；保护螺纹。

若现场维护保养到位，能大大提高旋塞的使用寿命。如：××队，2010 年 6 月 22 日领用了 1 只 6⅝in -203mm-70MPa 的上旋塞（厂编：0704-03），使用 1864h 仍能正常使用。××队，2010 年 6 月 13 日领用了 1 只 6⅝in -203mm-70MPa 的上旋塞（厂编：0707-01），使用时长达 2000h。

（六）跟踪记录卡填写不规范情况

内防喷工具的资料填写与器材的检查应对应一致，做到每班检查，图 8-9 填写就不符合要求，无保养填写记录。总结大量使用记录填写表，可发现不符合要求的情况一般有：保养人与填写人不统一（内部检查，工程师填写）；使用时间填写不真实；填写内容与保养内容不统一等。这都反映出现场保养工作做得不到位。

规格型号	6 5/8″-203mm-70MPA			扣型	630×631		停用日期		
出厂编号	1002-19			自编号	1-7003-01				
使用记录									
	使用时间			探伤情况	试压情况（包括试压）		开关情况		使用位置
日期	每天使用时间	累计使用时间		日期	日期	压力（MPa）	日期	压力（MPa）	
		合格			2010-6-27	70			

图8-9　内防喷工具使用记录填写不规范示例

二、闸板防喷器失效案例分析

（一）带压开启闸板防喷器造成闸板及腔室损坏

1.案例描述

案例1：2009年1月，××单位从现场回收的一副卡麦隆35-70闸板总成，其中一块完好（图8-10），另一块前密封胶芯严重损坏（图8-11）。损坏的那块，整个前密封胶芯已脱离铁芯槽，胶芯严重变形，胶芯的上部钢板脱落并落入井中。

图8-10　完好的闸板

图8-11　损坏变形的闸板及密封件

2009年2月，从现场回收的一副歇福尔35-70闸板总成，其中一块完好（图8-12），另一块前密封胶芯严重损坏（图8-13）。损坏的那块，整个前密封胶芯脱离前密封铁芯槽，胶芯严重变形。

图 8-12　完好的闸板

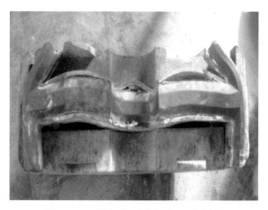

图 8-13　损坏变形的闸板及密封件

案例 2：某井带压打开闸板防喷器，造成了一侧闸板总成下部挂钩和闸板轴上部挂钩断裂，闸板总成未退回腔室内，防喷器未打开。上提钻具时，钻具接头将闸板总成下部钢芯挤成喇叭口（图 8-14、图 8-15、图 8-16）。

图 8-14　闸板轴 T 形挂钩断裂

图 8-15　闸板总成挂钩槽损伤

图 8-16　闸板总成前端严重变形

案例 3：克深 × 井、大北 × 井、中古 × 井带压打开防喷器，造成一侧闸板总成挂钩和闸板轴根部断裂，闸板轴断裂及残留情况如图 8-17 至图 8-20 所示。

图 8-17　克深 × 井闸板轴挂钩断裂

图 8-18　大北 × 井闸板轴挂钩断裂

图 8-19　中古 × 井闸板轴挂钩断裂部分残留

图 8-20　中古 × 井闸板轴挂钩断裂残留在侧门

以上案例中，闸板损坏的共同特点有：只损坏了一块闸板，另一块完好无损；被损坏的闸板前密封硫化铁板脱落或前密封硫化铁板和胶芯都严重变形。

2. 损坏过程分析

带压打开闸板防喷器时，先动作的一边活塞带动挂钩，拉动夹持器将闸板向外拉，但此时作用于闸板外部的助封力仍推动闸板前密封紧贴钻杆。闸板继续外行，前密封脱离闸板体的距离越来越大，顶部密封的橡胶部位被越拉越长，而没有闸板体限制和保护的前密封在井压的作用下就发生了向上变形，最后在脱离限制最薄弱的顶密封等处最先突破漏失，突发的一次假象井喷就发生了。带压打开闸板防喷器时密封胶芯的受力分析如图 8-21 所示。

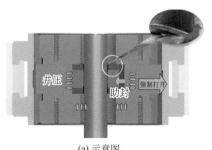

(a) 示意图

(b) 实物图

图 8-21　带压打开闸板防喷器时密封胶芯受力分析

3. 带压打开闸板防喷器的危害

（1）损坏闸板胶芯。

（2）造成闸板轴挂钩、闸板挂钩拉伤或断裂。

（3）损坏防喷器腔室顶密封面。

（4）造成现场人员或设备伤害。

4. 纠正与预防措施

（1）钻具上安装回压阀的井口，试压后钻具内、外泄压。

（2）泄压应等待一定时间，开防喷器后，关泄压阀。

（3）改变了钻具结构或组合形式后要给司钻、副司钻明确交代并挂牌。

（4）发生过带压打开的闸板防喷器应及时进行探伤或设备更换。

5.经验教训

带压打开防喷器的错误操作往往是操作人员在无意识下进行的，具有一定的隐蔽性，不易提前发现。因此，现场施工过程中应做到头脑清醒，每操作一步前一定要反复检查，避免发生事故。

（二）误操作闸板防喷器全封关闭钻具造成险情

1.案例描述

1）险情经过

某井压井时，工程师考虑到钻具井内静止时间过长，担心卡钻，安排副司钻从远程控制台带压打开半封闸板防喷器（未事先告知司钻），用旋转控制头带压活动钻具，打开后用对讲机通知司钻闸板已开，让司钻活动钻具，司钻上下活动时发现下放困难，遇阻 20t，反复几次仍下不去，于是上提将近 1 根单根（原钻台面以上有 2 根单根），在此期间套管压力上升至 7.5MPa。工程师考虑到套管压力上涨，于是开节流阀放压，此时套管压力已达 14MPa，突然听到井口"嘭"的一声，随即发现旋转控制头刺漏。于是工程师用对讲机命令关井，司钻立即发出关井信号，快速下放钻具。副司钻在听到关井信号后，快速跑到远程控制台待命，等了约 30s 仍无动静，看到井口喷势加剧，便自行决定关闭了上半封闸板防喷器（本人讲考虑过关环形，但觉得太慢），关完便向上风口撤离，跑出十几步回头看时，发现井口喷势仍未减弱，便又跑回远程控制台关闭了全封闸板防喷器。此时钻具悬重由 138t 降至 35t，旋转控制头停止刺钻井液，后悬重降至 20t，钻具弯曲（图 8-22、图 8-23）。

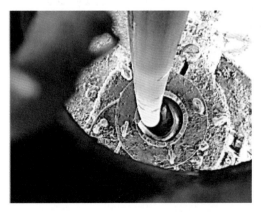 

图 8-22　旋转胶芯爆裂，钻具弯曲　　　　图 8-23　倒卡瓦固定钻具

2）现场汇报情况

据现场人员介绍：钻具重量没有了，20t 是顶驱的重量；井口压力 27MPa，钻杆用安

全卡瓦卡住并用钢丝绳做了防止冲（顶）出的措施，钻杆上顶弯曲；钻具断落井全封控制住了井口。

3）实际情况

（1）钻具被夹扁，但未落井。

（2）钻具接头挂在半封闸板防喷器上。

（3）半封闸板防喷器对环空形成了有效密封。

2. 原因分析

半封闸板防喷器关闭后，由于半封至自封头间的压力未泄完，所以仍见刺漏；随即关闭全封闸板防喷器，压力泄完了就错误地认为是全封起了作用（钻具断落井）。继续下放钻具，钻杆被夹扁，完全被夹扁的长度达 2.5m，下部钻具被全封夹扁，同时上半封关住钻杆向下滑动。

继续下放钻具当接头，加厚处接触半封闸板防喷器时，悬重由 125.1t 降至 82.3t，当 ϕ127mm 接头的 18° 斜坡接触半封闸板防喷器时，悬重由 82.3t 降至 20t，并把闸板防喷器上部顿出喇叭口，这时的密封仍然有效。损坏的全封闸板和半封闸板如图 8-24 和图 8-25 所示。

图 8-24　损伤的全封闸板

图 8-25　损伤的半封闸板

3. 误操作分析

在井口压力为 7.5MPa 时不应打开半封闸板防喷器、用旋转控制头封住活动钻具，而应该关闭环形防喷器，在降低控制压力的情况下活动钻具。这时更不应该泄压，这样一来反而让井口压力增至 14MPa，使得活动钻具旋转自封头胶芯爆裂。司钻在发出关井信号后，本应立即停止活动钻具并在司钻台上实施关井，但其未执行此操作，仍在下放钻具。副司钻在远程台发现未关井，未通知司钻就自行操作关闭半封闸板防喷器，此时下放钻具动作并未停止。由于半封闸板防喷器关闭后井口喷势仍未减弱，副司钻又在远程台处自行关闭了全封闸板防喷器。此时司钻仍在下放钻具，而井内有钻具时，关闭全封闸板防喷器不能有效关井，于是就造成了钻杆夹扁、接头放至闸板上、悬重最后降至 20t 的不良后果。

4. 预防措施

（1）加强井控防喷演习，操作过程不要慌乱。

（2）要熟知井控装备的性能，杜绝在危急时刻误操作。

（3）保证设备处于正常待命工况。

（三）闸板浮动密封失效

1. 案例描述

某井关井堵漏后，显示锁紧杆未开到位。提高开关油腔液压至 14MPa 时，发现闸板后有 200mm 厚的堵漏材料，闸板轴挂钩上部 3/4 脱落（图 8-26、图 8-27）。

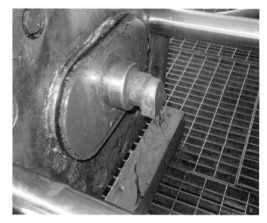

图 8-26　受损的闸板轴挂钩　　　　　图 8-27　腔体内部展示

2. 原因分析

（1）堵漏后，堵漏材料填充在闸板腔室，闸板回收不到位，闸板带拉力，挂钩拉断脱落（图 8-28）。

（2）闸板防喷器冲砂槽排砂能力有限（图 8-29）。

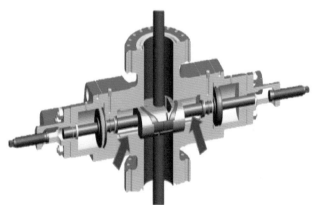

图 8-28　腔体内部闸板受力分析　　　　图 8-29　闸板冲砂槽排砂能力受限

三、环形防喷器失效案例分析

（一）11in－10000/15000psi 环形防喷器卡钻

1. 案例描述

11in－10000/15000psi 环形防喷器在使用过程中，发生卡阻损坏的零件为套管头里面的防磨套（图 8-30）。根据现场提供的信息分析，其发生卡阻变形主要是由于钻具带防磨套旋转起、下运动导致的。

11in－10000/15000psi 环形防喷器的通径为 279.4mm。钻具带防磨套起、下时，首先应保证钻具与防喷器通径中心的偏离尺寸尽可能小，并保证其不发生倾斜。其次，钻具最大直径尺寸与防喷器通径尺寸相差不大时，钻具的运动应为上下直线运动，不可旋转（因无法确定钻具旋转时的摆动直径是多大，因此会有钻具与防喷器内部零件碰撞的可能性）。钻具上提时，因其防磨套直径与防喷器通径尺寸相差不大，其中心与防喷器

图 8-30　套管头里面的防磨套发生卡阻损坏

中心的位置也无法确定，所以钻具旋转时，就发生了防磨套上部与环形顶盖内部安装的耐磨板相撞的情况，导致了防磨套变形（售后人员反馈：防磨套变形最大处尺寸为 284mm）、顶盖内部耐磨板拉伤。因防磨套已经变形，所以钻具带着防磨套无法提离防喷器通径。

钻具下放时，因防磨套变形，钻具在旋转过程中，其旋转直径一定大于 284mm。根据现场的反馈照片，防喷器胶芯内孔处有一处掉胶拉伤，防磨套与喷器支撑筒发生了卡阻。由此得知，钻具在旋转过程中的直径已经超过了防喷器支撑筒的内径 306mm（图 8-31）。

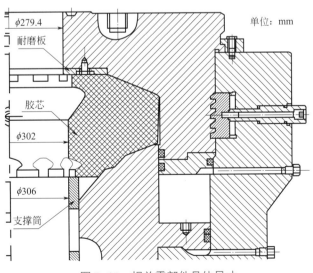

图 8-31　相关零部件具体尺寸

2. 损坏零件的处理

对于已经拉伤的防喷器耐磨板与支撑筒，若损坏不严重，某公司售后人员可对其打磨修理后继续使用。（修理后的支撑筒应保证其内径尺寸不小于285mm）。对于拉伤损坏的防喷器胶芯，若已无法保证其密封性能，建议更换处理（图8-32）。

图8-32　损伤的零件

（二）FH35-70/105环形防喷器锥形胶芯损坏

1. 案例描述

2021年×月×日，某口重点井使用的FH35-70/105环形防喷器在试压过程中发现35-70锥形胶芯损坏。经查，该井使用环形防喷器为FH35-70/105，生产厂家为××公司，出厂时间为2020年7月，出厂编号03200020A，2020年×月×日在库内试压检测合格，11月15日该防喷器发往某重点井使用，为该防喷器使用的第一井次。该环形防喷器发出使用至发现损坏前，井队未反馈存在使用异常的情况。2021年7月1日，现场更换环形防喷器后将原环形防喷器回收至井控作业队。

2. 损坏情况

拆除防喷器顶盖取出胶芯，检查发现该环形防喷器锥形胶芯主通径处胶芯存在橡胶撕裂、脱落情况，锥形胶芯底部存在开裂情况，胶芯损坏严重（图8-33、图8-34）。

图8-33　锥形胶芯主通径损坏

图8-34　锥形胶芯底部损坏情况

3．原因分析

经初步分析，该环形防喷器锥形胶芯出现损坏的原因可能有以下几个：

（1）该井使用油基钻井液，油基钻井液环境会加速橡胶件老化。该井自 2020 年 11 月安装井口后至 2021 年 6 月 28 日发现胶芯损坏，已累计使用防喷器超过半年时间，长时间在油基钻井液浸泡下，锥形胶芯硬度及力学性能等物理机械性能下降，加速老化损坏。

（2）该防喷器使用期间，经历多次防喷演习、月度试压，均需对环形防喷器进行开关井操作。锥形胶芯经过多次开关井动作及承压密封后，锥形胶芯受到挤压作用发生撕裂损坏。

（3）井队多次进行起下钻作业，在钻头、钻具等经过锥形胶芯时可能与胶芯之间发生擦刮，对胶芯造成损坏。特别是经过油基钻井液长时间浸泡后的橡胶件被拉挂时，极易造成破损。

（4）锥形胶芯质量问题。该问题较难验证，应将该胶芯回厂解剖后进一步分析。

4．下步措施

（1）防喷器在使用期间井队要加强观察，特别是使用油基钻井液的井队，应定期检查防喷器胶芯情况，若发现胶芯破损要及时汇报处理。

（2）钻井队要校正井口，起下钻时注意观察钻具与井口是否发生擦刮，特别是钻头经过防喷器时注意控制速度，防止钻头与防喷器胶芯发生擦刮破坏胶芯。

（3）钻具井控公司对到库的各类防喷器胶芯加强质量检查与监管，检修防喷器时加强球形（锥形）胶芯试验，对存在质量问题的胶芯一律要求厂家退货更换，不得使用质量不过关的胶芯，确保井控安全。

四、四通失效案例分析

（一）案例描述

某井 7 月 26 日 14：50 在对剪切闸板防喷器试压 68MPa（设计试压 67.2MPa）时发现下钻井四通与 7 号平板阀连接处有液体流出，试压不成功。拆开连接部位发现该四通右侧旁通双法兰短节法兰钢圈槽刺漏（图 8-35），7 号平板阀钢圈槽未发现刺坏，钻具井控公司立即安排送出一只 78-105 双法兰短节，现场更换后试压合格。

图 8-35　四通与阀门连接刺漏处

该四通型号为 FS28-105，生产厂家 ×× 公司，出厂时间为 2020 年 3 月，出厂编号为 05200020，2019 年 5 月 21 日经库内试压检测合格（试压报告见附图）。2020 年 5 月 24 日发往某井使用，现场使用时间 62 天，现场经历安装后试压和月度试压共两次试压。

（二）损坏情况

（1）2020 年 7 月 28 日，该刺漏双法兰短节回收至井控作业队，检查发现该双法兰短节与 7 号阀门连接处的钢圈槽外密封面存在一长 43mm、宽 7.2mm 径向刺痕带，刺痕深 1 ～ 2mm。

（2）配套使用的 BX154 钢圈与钢圈槽配合密封面存在径向刺痕带（图 8-36、图 8-37、图 8-38）。

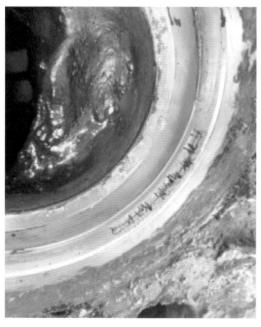

图 8-36　径向刺痕带部位

图 8-37　BX154 全新钢圈

（三）原因分析

（1）根据双法兰短节通径内残留钻井液及刺痕带位置可知，该刺痕带位于旁通法兰下侧连接螺栓方向，井队连接紧固手动平板阀时，该处连接螺栓因位置受限不便于敲击紧固，导致该处连接螺栓预紧力不足，造成钢圈槽受力不均，形成密封薄弱点，在经历数次承压后发生刺漏（图 8-39）。

（2）通过对发生刺漏的钢圈进行尺寸测量发现，该钢圈在刺痕带处形变量最小，钢圈变形不均匀是造成本次试压刺漏的直接原因。钢圈在刺痕带处形变量最小也印证了该处连接螺栓因不便于敲击紧固导致预紧力不足这一分析结论（图 8-40）。

图 8-38　某井刺坏钢圈

图 8-39　钢圈槽刺漏部位

厚12.48mm
宽12.38mm

厚12.56mm
宽12.34mm

厚12.54mm
宽12.34mm

厚12.48mm
宽12.36mm

厚12.60mm
宽12.32mm

刺痕带处
厚12.72mm
宽12.24mm

图 8-40　钢圈刺痕带处尺寸与其他部位尺寸对比

（四）防范措施

（1）法兰、钢圈安装连接时必须做到钢圈槽、钢圈的清洁装配。

（2）连接螺栓时检修人员按对角顺序紧扣，确保法兰紧平紧正，对连接法兰间的间隙进行周向测量，尽量做到误差为 0，以保证钢圈变形均匀，形成可靠密封。

（3）钻井试修队在对法兰连接的井控装备试压时，在升压及稳压过程中应对泵压、升压速度进行观察，在确保安全的情况下对法兰连接处进行检查，如发现渗漏，则应立即泄压，查找原因，立即整改（如法兰未紧平发生渗漏，若及时发现就能得到及时有效整改，若未及时发现，就极有可能刺坏钢圈槽）。

（4）根据公司要求，已于 7 月 31 日将该井发生刺漏的 1 件 78-105 双法兰短节、2 只 BX154 钢圈（含全新钢圈 1 只）送往安检院进行化学成分、几何尺寸等项目的检测，形成检测报告（图 8-41 至图 8-45）。

石油工业井控装置质量监督检验中心

四川科特检测技术有限公司

检 验 报 告

报告编号：JT-BGLH-2020-127　　　　　　　　　　　共 8 页第 1 页

样 品 名 称	双法兰短节	规 格 型 号	78-105
委托方地址	████████████████████████	商　　　标	/
生 产 单 位	████石油机械有限公司	生 产 日 期	/
使 用 单 位	/	出 厂 编 号	/
抽 样 方 法	/	抽 样 基 数	/
抽 样 程 序	/	样 品 数 量	1
收 样 地 点	四川科特检测技术有限公司广汉检测研究基地	样品标识方式	/
样品状态描述	新品完好	到 样 日 期	2020.08.03
样 品 编 号	JT-YPLH-2020-127	检 验 日 期	2020.08.03～09.10
委 托 者	████	环 境 条 件	温度24℃　湿度62%
检 验 地 点	四川科特检测技术有限公司广汉检测研究基地		
检 验 设 备	TMP 移动式光谱仪、EQUOTIP3 里氏硬度计、WAW-Y500 微机控制电液伺服万能试验机、ZBC 金属摆锤冲击试验机、320HBS-3000 数显布氏硬度计、金相显微镜、游标卡尺		
检 验 依 据	技术协议		
检 验 结 论	样品化学成分分析、硬度检测、拉伸性能、冲击性能和磁粉探伤均符合技术协议相关条款的要求；样品钢圈槽尺寸检测不符合技术协议相关条款的要求；渗透探伤和金相分析结果见检验结果汇总表。 （检验检测专用章） 签署日期：2020 年 月 14 日		
备 注	磁粉探伤不包括钢圈槽，渗透探伤仅检测钢圈槽。		
批　准	████	审　核	████	主　检	████

图 8-41　四通压力检测报告

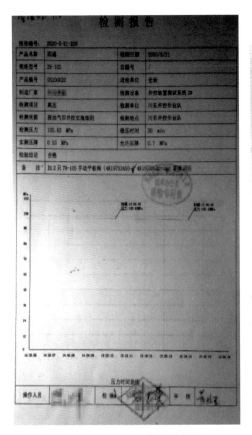

检测报告

报告编号：2020-5-21-229

产品名称	闸阀	检测日期	2020/5/21
规格型号	78-105	自编号	/
产品编号	05200020	送检单位	全新
制造厂家		检测设备	井控装置测试系统 2#
检测项目	高压	检测单位	川东井控作业队
检测依据	按油气田井控实施细则	检测地点	川东井控作业队
检测压力	105.63 MPa	稳压时间	30 min
实测压降	0.63 MPa	允许压降	0.7 MPa
检验结论	合格		
备　注	加 2 只 78-105 手动平板阀（4K19752A50-√ 4K		

压力时间曲线

操作人员		检验		审核	

图 8-42　双法兰短节检验报告

石油工业井控装置质量监督检验中心

四川科特检测技术有限公司

检 验 报 告

报告编号：JT-BGLH-2020-126　　共 3 页第 1 页

样品名称	密封垫环	规格型号	BX154
委托方地址		商　　标	/
生产单位	石油设备机械厂	生产日期	/
使用单位	/	出厂编号	CQHY1910（旧）、CQHY1910（全新）
抽样方法	/	抽样基数	/
抽样程序	/	样品数量	2
收样地点	四川科特检测技术有限公司广汉检测研究基地	样品标识方式	/
样品状态描述	/	到样日期	2020.08.11
样品编号	JT-YPLH-2020-126	检验日期	2020.08.11－08.14
委托者		环境条件	温度 23℃　湿度 66%
检验地点	四川科特检测技术有限公司广汉检测研究基地		
检验设备	TMP 移动式直读光谱仪、300HRSS-150 洛氏硬度计、游标卡尺		
检验依据	检测技术协议		
检验结论	1 号样品化学成分分析符合检测技术协议相关条款的要求，硬度检测和几何尺寸及外观不符合技术协议相关条款的要求；2 号样品化学成分分析、硬度检测和几何尺寸及外观符合检测技术协议相关条款的要求。 （检验检测专用章） 签发日期：2020 年 7 月 4 日		
备注	1 号样品为旧品，2 号样品为新品。		
批准		审核	主检

图 8-43　密封垫环检验报告

检验结果汇总表

报告编号：JT-BGLH-2020-127　　共 8 页第 6 页

序号	检验项目	标准要求			实测结果	是否合格
4	冲击性能	法兰 2		-29℃，平均冲击值纵向 KV_2≥27J，每组只允许 1 件试样 KV_2≥14J。	1、148 J 2、88 J 3、99 J 平均值：112 J	合格
		管体		-29℃，平均冲击值纵向 KV_2≥27J，每组只允许 1 件试样 KV_2≥14J。	1、192 J 2、181 J 3、186 J 平均值：186 J	合格
5	钢圈槽尺寸检测	钢圈槽 1	槽的外径 G	$119.00_{0}^{+0.15}$mm	1、118.85 mm 2、119.08 mm	不合格
			槽深 E	$7.54_{0}^{+0.50}$mm	1、7.86 mm 2、7.92 mm	合格
			槽宽 N	$15.39_{0}^{+0.10}$mm	1、15.58 mm 2、15.60 mm	不合格
			槽的中径 PD_1	103.61 mm	1、103.26 mm 2、103.48 mm	合格
		钢圈槽 2	槽的外径 G	$119.00_{0}^{+0.10}$mm	1、119.05 mm 2、119.01 mm	合格
			槽深 E	$7.54_{0}^{+0.50}$mm	1、7.92 mm 2、7.93 mm	合格
			槽宽 N	$15.39_{0}^{+0.10}$mm	1、15.49 mm 2、15.48 mm	合格
			槽的中径 PD_1	103.61mm	1、103.56 mm 2、103.53 mm	合格
6	磁粉探伤	按 ASTM E709 进行检测，符合Ⅲ级。			无相关显示。	合格
检验人员			校核人员			

图 8-44　钢圈槽尺寸检测

检验结果汇总表

报告编号：JT-BGLH-2020-126　　共 3 页 第 2 页

样品编号	检验项目	协议要求	实测结果	是否合格
1 号	化学成分分析（%）	C：0.07－0.13	0.11	合格
		Mn：0.35－0.65	0.42	
		Si：0.17－0.37	0.25	
		P≤0.035	0.013	
		S≤0.035	0.008	
		Ni≤0.30	0.01	
		Cr≤0.15	0.03	
		Cu≤0.25	0.03	
	硬度检测	≤68 HRB	1、76.1 HRBW 2、77.8 HRBW 3、77.4 HRBW 平均值 77.1 HRBW	不合格
	几何尺寸及外观	环宽 A：$12.40_{0}^{+0.20}$ mm	1、12.58mm 2、12.63mm	不合格
		环高 H：$12.40_{0}^{+0.20}$ mm	1、12.89mm 2、12.88mm	不合格
		垫环外径 OD：$116.84_{-0.15}^{0}$ mm	1、116.20mm 2、116.00mm	不合格
		垫环上所有 23° 表面粗糙度应不大于 R_a0.8μm。	R_a3.2μm	不合格
检验人员		校核人员		

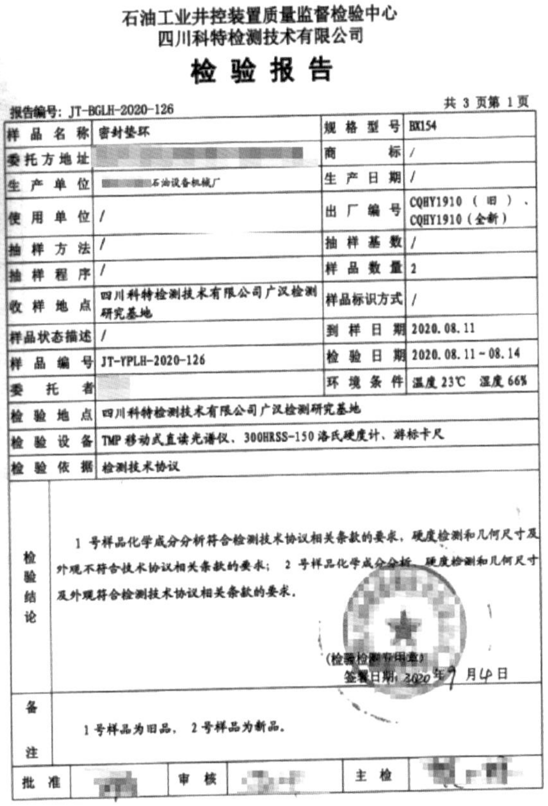

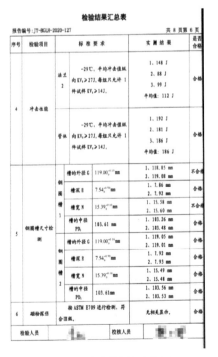

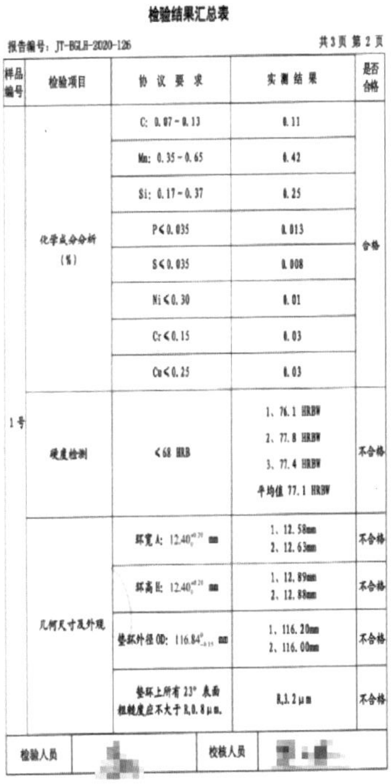

图 8-45　钢圈几何尺寸检测

五、远控台失效案例分析

（一）案例描述

某远控台压力变送器和油管之间连接的铜管在卡套接头处断裂。铜管断裂的卡套接头位置如图 8-46 所示，铜管断裂位置如图 8-47 所示。该套设备出厂时间为 2020 年 6 月，铜管断裂反馈时间为 2021 年 11 月 8 日。

图 8-46 显示铜管断裂的卡套接头在系统管路的三通接头处，考虑到系统管路振动对铜管的影响，对该处卡套接头后连接的铜管做进行了盘管设计，降低系统管路振动对铜管的影响，目前该处铜管断裂属于首例。

（二）原因分析

（1）图 8-47 显示铜管断裂位置位于卡套的后端，断裂口呈不规则形状。对卡套接头的安装进行测试（图 8-48）。使用加力杆对卡套接头进行安装（图 8-49），在卡套接头的螺纹完全拧紧后拆除，检测卡套后端的铜管未发现明显缺陷，因此推断铜管卡套接头在安装过程中因扭矩过大对管路造成缺陷导致铜管断裂的可能性较小。

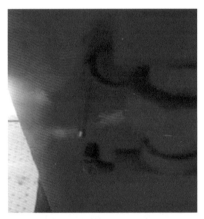

图 8-46　铜管断裂的卡套接头位置

图 8-47　铜管断裂位置

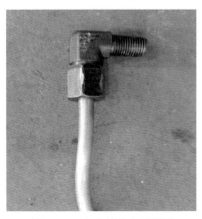

图 8-48　卡套接头安装测试

图 8-49　卡套接头安装示意图

（2）对铜管进行压力测试。在管路压力为 35MPa 时，对铜管打压前后的外径进行测量（图 8-50），发现管路外径没有变化，因此推断铜管在受压后管路膨胀变形导致铜管断裂的可能性较小。

（3）进行管路受外力敲击后导致铜管断裂的测试。在安装好的卡套接头后方的铜管处敲击一次铜管，拆解后发现卡套后端处铜管有缺陷（图 8-51），缺陷处的铜管壁厚变小，在压力和振动等因素的影响下使用一段时间后会断裂。

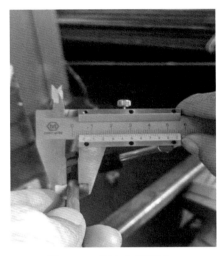

图 8-50　管路直径测量

图 8-51　卡套拆除后铜管有缺陷

结合收集到的信息和测试结果分析铜管断裂的最大可能原因是铜管在安装、运输或使用过程中有过碰撞，导致卡套后端处铜管受损，受损处铜管壁厚变薄，在使用一段时间不能承受系统压力而断裂。

（三）纠正措施

（1）某公司远控台的压力表和压力控制器连接管线大多都采用铜管，在以往设备的长期使用过程中均未出现过断裂现象，说明出现断裂的可能性极小，该处铜管断裂属首次出现。用户在后续使用过程中应注意检测铜管表面是否有碰撞的痕迹，对有缺陷的铜管及时检查和更换，确保所有管线都处于正常使用状态。

（2）考虑到铜管撞击后变形的可能性较大，应对压力表和压力控制器的管线进行改进，后续提供的设备使用不锈钢管，提高设备的可靠性，确保使用过程中不会再发生类似情况。

六、平板阀阀板断裂、涂层脱落失效案例分析

（一）平板阀阀板断裂失效

1.案例描述

常见的失效模式有腐蚀、恒力破坏、磨损。腐蚀性破坏主要包括电化学腐蚀和硫化物

应力腐蚀；恒力破坏主要是机械力破坏；磨损也是机械力破坏，主要包括磨粒磨损、冲蚀磨损、黏着磨损、腐蚀磨损。 某平板阀阀板的裂纹源于阀板表面的 Ni60 敷焊合金层，阀板断口断裂机理为脆性断裂（图 8-52、图 8-53）。

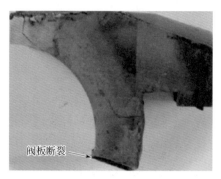

图 8-52 阀板断裂

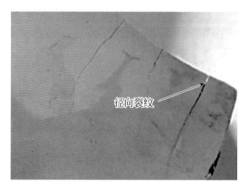

图 8-53 闸板径向裂纹

2. 断裂原因分析

（1）阀板基体材料的抗拉强度、屈服强度和纵向冲击功均不符合标准技术要求。说明该阀板基体的强度和断裂韧度均较低，在热处理时工艺控制不当，回火温度和回火时间不能满足技术要求。

（2）喷涂材料的性能、喷涂工艺参数及敷焊合金层材料与基体材料的线膨胀系数、弹性模量等参数不同，造成残余应力大量存在。残余应力对敷焊合金层的厚度、质量以及敷焊合金层构件精度、尺寸稳定性等方面有很大影响，这是导致敷焊合金层开裂、剥落等失效形式的主要原因之一。

（二）阀板喷涂层脱落及点蚀

1. 案例描述

失效形式：阀板使用时发现内漏。

阀板产品信息：阀板基体材料为 12Cr13，阀板密封面为超音速喷涂（碳化钨）。阀板的加工制造流程为锻造、粗加工、热处理、半精加工，随后超音速喷涂 WC，再精加工，最后经精磨、研磨、抛光后对产品成型。

阀板使用条件信息：井内流体的腐蚀性很强，产水 7.8m³/d，井口温度为 79～91℃，井筒压力为 56～59MPa；H_2S 浓度为 9.15～11.11g/m³；CO_2 浓度为 36.374～61.82g/m³；Cl⁻ 浓度为 40722.49mg/L。

工况分析：（1）根据 NACE MR0175 和 API Spec 6A 的相关要求可以判定此工况环境属高度腐蚀的酸性环境，流体对所有与其接触的零部件均具有很强的腐蚀性。

（2）涂层的孔隙率大，产生的渗透性缺陷是影响涂层服役条件和使用寿命的重要因素。

2. 结论

（1）阀板基体母材 12Cr13 材料不适用该种工况，阀板与流体接触的部位局部腐蚀明显，最大点蚀速率为 1.37mm/a。

（2）涂层孔隙率较大，导致腐蚀介质通过孔隙扩散到基体母材中，基体母材 12Cr13 又不适应该种工况，严重削弱涂层与金属基体间的结合力，最终涂层脱落（图 8-54、图 8-55）。

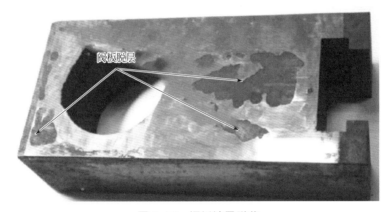

图 8-54　阀板镀层脱落

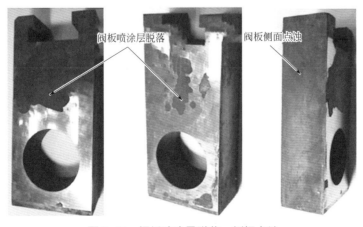

图 8-55　阀板喷涂层脱落、侧门点蚀

七、液气分离器失效案例分析

（一）案例描述

某井使用的液气分离器出厂编号为 R209109，出厂日期 2010 年 3 月，截至统计前共使用 10 井次。2017 年 4 月 7 日由某井回收至井控作业队，随即进行灌水浸泡，经排污清洁、外观检查合格后于 2017 年 8 月 15 日发往某井使用（图 8-56）。

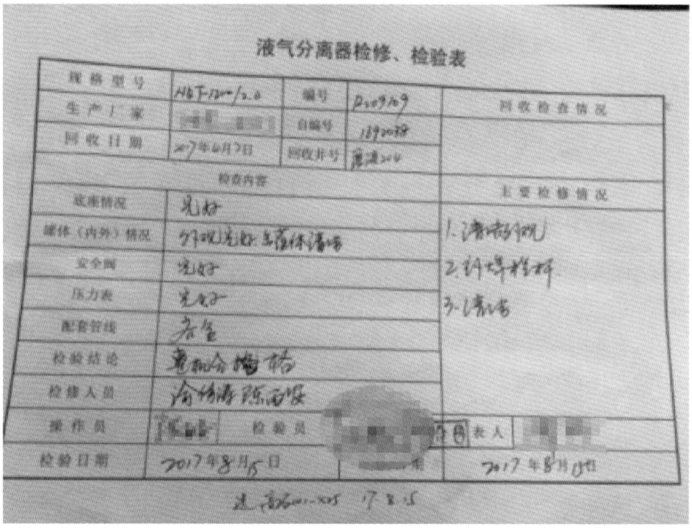

图 8-56　库内检修、检验表

2017 年 8 月 15 日到场安装，并于 8 月 19 日地破试验结束后，按照要求灌低密度钻井液至排液口返出，目测密封良好。

第一次使用：2017 年 10 月 24 日某层循环排后效，排量为 16 ～ 20L/s，套管压力为 2.3 ～ 3.2MPa，出口点火正常，未见钻井液排出。后控制套管压力为 4.2 ～ 5.2MPa 时，排量为 20L/s，排气管线压力由 0.02MPa 升至 0.06MPa 时，点火口间断涌出钻井液，后降低排量至 16L/s 时出口未见钻井液，循环加重完。使用完后用气吹空排气管线。

第二次使用：2017 年 11 月 14 日整改顶驱背钳下钻完，经液气分离器循环排气，全烃含量为 1.3785% ～ 39.4972%，C1 含量为 1.0658% ～ 30.8051%，入口密度为 2.24 ～ 2.26g/cm^3，出口密度为 2.17 ～ 2.23g/cm^3（22：20 分离器出口点火，焰高 0.8 ～ 2.5m，火焰呈橘黄色，23：20 火焰熄灭；控制立管压力 12.8 ～ 20.5MPa，排量为 12 ～ 20L/min，套管压力由 1.5MPa 升至 9.0MPa，后降为 0.8MPa）；使用过程中，套管压力达到 5.0MPa 以上时最大排量只能到 15.2L/s，否则点火出口会涌出钻井液，同时自接抽吸泵和潜水泵回收钻井液。使用完后用气吹空排气管线。

第三次使用：2017 年 12 月 6 日下钻完见后效气侵；气测达峰值，全烃含量上升至 47.3524%，密度由 2.25g/cm^3 降至 2.23g/cm^3，黏度由 53mPa·s 升至 56mPa·s 关井；关井观察，立管压力为 0，套管压力为 0；经液气分离器控压 0.9 ～ 2.4MPa 循环，出口点火，火焰呈橘黄色，焰高 2.5m，此次最大排量维持在 16.5L/s 超过该排量，点火出口涌出钻井液。使用完后用气吹空排气管线。

第四次使用：2017 年 12 月 19 日下钻至某层循环见后效液面上涨 0.6m³，密度由 2.25g/cm³ 下降至 2.20g/cm³；经液气分离器控压 0.4～2.2MPa 循环排气，出口点火，火焰呈橘黄色，焰高 0.3～2.5m；此次最大排量维持在 15.8L/s，超过该排量，点火出口涌出钻井液。使用完后用气吹空排气管线。

第五次使用：2017 年 12 月 26 日下钻至某层循环见后效，经液气分离器控压 0.3～1.4MPa 循环，出口点火，火焰呈橘黄色，焰高 0.2～1.2m；此次最大排量维持在 18.0L/s，超过该排量，点火出口涌出钻井液。使用完后用气吹空排气管线。

第六次使用：2017 年 12 月 31 日传输测井起电缆完，循环排后效液面上涨 0.3m³，泵压 9.0MPa，排量 1170L/min；经液气分离器控压 0.0～1.2MPa 循环，出口点火，火焰呈橘黄色，焰高 0.2～1.2m，此次最大排量维持在 12.5L/s（电测队要求的最大泵压），正常使用，超过该排量，点火出口涌出钻井液。使用完后用气吹空排气管线。

2018 年 1 月 8 日关井憋压候凝，立管压力由 1.2MPa 上升至 5.0MPa，套管压力由 1.4MPa 上升至 7.4MPa；间断开泵试挤，挤入量为 3.2m³，立管压力由 5.0MPa 上升至 18.5MPa，套管压力由 7.4MPa 上升至 17.8MPa；控压循环排量 10L/s 时点火口涌出大量钻井液，自接抽吸泵和潜水泵回收钻井液速度慢，接通知进行大循环控压循环，并立即更换液气分离器。

（二）原因分析

可能造成液气分离器排气管线返液的主要原因有罐体内通道堵塞或排液管线通道堵塞两种情况。经检查，该井液气分离器排液管出口排液正常且通道无堵塞情况，因此造成排气管返液现象的主要原因是扇板与罐体之间的通道存在沉积物导致排液通道减小，钻井液排出量小于钻井液进入量，罐体内钻井液液面不断上涨，最终从排气管线返出。某厂生产的分离器结构如图 8-57 所示。

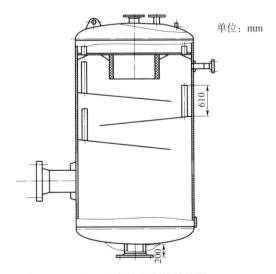

单位：mm

图 8-57　某厂生产的分离器结构图

（三）库内检修及现场检查情况

（1）在库内检修过程中，检修人员从液气分离器进液管灌水进入罐体，浸泡30天后用吊车将分离器吊立，让罐体内的沉积物能够从排液口顺利排出。液气分离器检修人孔位置位于罐体最下方一块扇板的下部（图8-58），检修人员能够通过人孔（罐底亦可）观察到最下方扇板及下部罐体的情况（图8-59）。该扇板以上的罐体情况无法进行观察，库内虽经过浸泡并冲洗至清水顺畅排出，但仍可能有少量固结钻井液块残留于扇板上未被冲落，在现场使用时扇板上残留的钻井液块被循环钻井液冲落，并将扇板与罐体的间隙堵塞。

图 8-58 最下方扇板及下部空间情况　　　　图 8-59 罐体排气口缓冲管及最上方扇板情况

（2）2017年12月7日，井控作业队巡检人员对该井进行巡检时发现该液气分离器排液管线出口高度过高（高出1.6m标线约1.5m）。经测量，发现使用时除最上方一块扇板，其余扇板均被钻井液淹没（图8-58），此情况造成了钻井液排出不畅，导致排气管线返液。若井队未及时将残液排除干净，容易造成罐体内排液通道淤积钻井液，导致下次使用时出现排气管线返液的情况。井队于2017年12月14日将排液出口改回1.3～1.6m标线之间。

第二节　井控装置常见故障与排除

本节中介绍的井控装置常见故障与排除有且不限于以下几种。

一、环形防喷器常见故障与排除

环形防喷器常见故障及解决措施如表8-2所示。

表 8-2　环形防喷器常见故障及解决措施

序号	故障现象	产生原因	解决措施
1	环形防喷器密封不到位	新胶芯，橡胶变形不到位	多次开关，活动胶芯
		旧胶芯支撑筋已经靠拢，但胶芯老化	检查并更换胶芯
		胶芯磨损、脱块，密封不严	更换新胶芯或更换防喷器
		打开过程中长时间未关闭使用胶芯，使杂物沉积于胶芯槽及其他部位	在井口冲洗胶芯，并在封钻杆后多次活动胶芯
2	环形防喷器关闭后打不开	长时间关闭后，胶芯产生永久变形老化	清洗、更换新胶芯或更换防喷器
		固井后胶芯下有凝固水泥浆	清洗或更换防喷器
		冬季有受冻后弹性后不足或者有冰块冻住	安装后用蒸汽烘烤或关闭下部闸板用热水浸泡
		关闭腔油路堵塞，液压油无法回流到油箱，导致活塞无法下行	疏通关闭腔油路
3	环形防喷器开关不灵活	油路不通畅	检查油路，特别是活接头连接部分
		油路漏失	检查油路，特别是油路上的螺纹连接部分
4	钻进时，环形顶盖与本体之间漏钻井液	顶盖螺栓松动	对松动螺栓进行紧固
5	环形防喷器进出油口处渗油	未上紧扣	先泄压，拆卸后缠上生料带紧固好
		进油口处本体内螺纹损坏	造扣
6	环形防喷器现场试不住压	胶芯处钻井液异物太多卡住	清除异物，多开关几次
		胶芯已损坏	更换胶芯
		下法兰连接处有渗漏	拆卸，查看密封垫环槽内是否有磕痕伤

二、闸板防喷器常见故障与排除

闸板防喷器常见故障及解决措施如表 8-3 所示。

表 8-3　闸板防喷器常见故障及解决措施

序号	故障现象	产生原因	解决措施
1	井内介质从壳体与侧门连接处流出	防喷器侧门密封圈损坏	更换损坏的侧门密封圈
		防喷器壳体与侧门密封面有脏物或损坏	清除密封面脏物，修复损坏部位
2	闸板移动方向与控制台铭牌标志不符	控制台与防喷器连接管线接错	调换防喷器油路接口的管线位置

序号	故障现象	产生原因	解决措施
3	闸板开关不到位或开关无动作	手动锁紧后未解锁或解锁不到位	手动解锁并解锁到位
		防喷器开关的液控管线活接头损坏造成油路不通	检查液控管线每套活接头的连接情况，确保油路通畅
4	侧门观察孔有井内介质流出	闸板轴靠壳体一侧密封圈损坏，闸板轴表面拉伤	更换损坏的闸板轴密封圈，修复或更换损坏的闸板轴
5	侧门观察孔有液压油流出	闸板轴靠油腔一侧密封圈损坏，闸板轴表面拉伤	更换损坏的闸板轴密封圈，修复或更换损坏的闸板轴
6	防喷器液动部分稳不住压力	防喷器液缸、活塞、锁紧轴、油管、闸板轴密封圈损坏，密封表面损伤	更换各处密封圈，修复密封表面或更换新件
7	闸板关闭后试不住压力	闸板之间或闸板与钻具之间密封不到位	检查密封尺寸是否配套，检查闸板密封胶芯是否完好
		壳体闸板腔上部密封面损坏	修复壳体闸板腔密封面
		侧门与闸板轴之间密封失效	检查并更换侧门与闸板轴之间的密封件
8	换闸板时防喷器侧门打不开	这种现象在冬季常见，主要原因是闸板室内泥沙沉积形成硬块，将闸板总成通道堵死	加大液控压力，打开旁通阀，给液控压力21MPa，或是用蒸汽烘烤侧门、闸板腔体
9	液压关闭闸板后，手动锁紧轴转不动	缸盖止推轴套、锁紧轴变形或缸盖密封圈损坏，对应的控制手柄处于开或关位	卸掉液控压力，旋动手动锁紧轴，若旋不动，需要更换止推轴套、锁紧轴或缸盖密封圈；在防喷器控制手柄处于开位时，需卸掉液控压力才能转动手动锁紧杆
10	手动锁紧轴与缸盖连接处有液压油渗漏	缸盖止推轴套变形或缸盖密封圈损坏	更换整套缸盖或缸盖密封圈、止推轴套，一般此处渗漏不影响防喷器的正常开关

三、远程控制系统常见故障与排除

远程控制系统常见故障及解决措施如表 8-4 所示。

表 8-4　远程控制系统常见故障及解决措施

序号	故障现象	产生原因	解决措施
1	控制装置运行时有噪声	系统液压油中混有气体	空运转，循环排气
		电动机传动链条太松	调节电动机固定螺栓、电动机与柱塞泵之间的距离，将链条调紧

续表

序号	故障现象	产生原因	解决措施
2	电动机不能启动或启动时打压不到21MPa	电源线规格不正确	必须使用厂家说明的符合要求的专用电线
		电源缺相	检查远控台接线盒内接线柱上电路，重新接线
		电压不符合要求	检修电路，查看远控台接线盒内电压在电动机停止和启动后是否为（380±19）V
		远控台与配电房所接电线较远，超过100m	缩短电线至100m内
		电控箱内电器元件损坏、失灵或熔断器烧毁	检修电控箱或更换熔断器
		电线与接线柱连接时接错零线	由井控车间提供的电线有四相线，其中较细的一相线为零线，与接线柱连接时，零线连接做标识的接线柱。其余三相线按顺序与接线柱连接，若电动机反转，两相线互换即可
3	电动油泵启动后系统不升压或升压太慢	控制管汇上的卸荷阀未关闭	关闭卸荷阀
		电动油泵密封填料密封不正常	检修油泵，检查密封填料密封情况
		主电源线与控制箱接线端正负接反	钻井队电工重新检查与接线柱连接是否正确
		低压溢流阀刺漏	更换低压溢流阀
		气手动调压阀损坏	更换气手动调压阀
		手动减压溢流阀损坏	更换手动减压阀
		油箱底部或者柱塞泵进油管线有水且结冰	排水除冰
		柱塞泵加油口丝堵未上紧或其上游阀门未关死，打压时进空气	上紧丝堵，关死阀门
4	柱塞泵运转时声音不正常	油箱液面太低，泵吸空	补充液压油至足量
		吸油口闸阀未打开或吸油口滤油器堵塞	检查管路，打开闸阀，清洗滤油器
5	电动油泵不能自动停止运行	压力控制器油管或接头处堵塞或有漏油现象	检查压力控制器管路
6	减压溢流阀出口压力太高	阀内密封环的密封面上垫有污物	旋转调压手轮，使密封盒上下移动数次，挤出污物，必要时拆检修理

序号	故障现象	产生原因	解决措施
7	在司钻控制台不能开关防喷器或相应三位四通手柄动作不到位	空气管缆中的管芯接错、管芯折断或堵死、连接法兰密封垫窜气	检查空气管缆，更换连接口
		对应的三位四通手柄处的气缸内有杂质	在管汇无压力的情况下使用黄油枪往气缸上的黄油嘴里注黄油润滑，并拆卸气缸的两个进出气接头，来回活动手柄排除杂质
8	司钻控制台显示的压力数值与远控台显示的压力数值不一致	司钻台气管缆铝板连接处漏气	重新逐个对角旋紧固定螺栓
		司钻台气管缆铝板与密封垫之间有杂物或密封垫损坏	更换气管缆密封垫或擦拭司钻台铝板与密封垫
		控制蓄能器压力、汇流管压力、环形压力的气动抗振压力变送器传出压力数值较大或较小	调节空气过滤减压阀使之提供压力值为0.35MPa，松开锁紧螺母，向右旋转阀座增大输出压力，向左旋转减小输出压力
		冬季时，有可能是远程控制台或司钻控制台内与对应压力表连接的铜管，以及气管缆连接法兰处有水汽结冰冻堵	除冰，烘烤对应的铜管，做好保温措施
		气管束内单根气管堵塞或断裂	将备用气管调整到在用的气管接口或更换气管束
9	远程控制台未打压，但司钻台压力表显示有蓄能器、汇流管或环形防喷器压力	司钻台气管缆铝板连接处窜气	检查司钻台气管缆铝板密封面，重新旋紧司钻台铝板螺栓
		冬季时，有可能是司钻控制台内与对应压力表连接的铜管或者气管缆连接法兰处有水汽结冰冻堵	除冰，烘烤对应的铜管，做好保温措施
		压力表损坏	更换新压力表
10	司钻台上各压力表不回零	压力表内有剩余气体存在	旋开司钻台内铜管与对应压力表连接螺母，排出剩余气体
		压力表损坏	更换压力表
11	打开泄压阀泄压，泄压不完全	蓄能器截止阀关闭压力不彻底	更换蓄能器截止阀或关闭每组蓄能器瓶截止阀
12	管汇上的压力卸荷阀关不紧，汇流管压力持续降低	卸荷阀上的紧定螺母松动	旋紧卸荷阀紧定螺母
		卸荷阀阀芯损坏	更换卸荷阀
13	电泵自动打压无法在17.5～21MPa启停	压力控制器触电的开关动作改变	升高或降低切换点压力值，重新启动电动机，观察系统压力，如此反复，直至切换点压力接近21MPa。缓慢卸掉管汇压力，系统压力从21MPa开始下降，观察电动泵自动启动的压力，高于要求的启动压力时，调整切换差增大，反之减小切换差

续表

序号	故障现象	产生原因	解决措施
14	气动油泵不工作	气源压力不足	提供气源压力 0.65 ～ 0.8MPa
		气泵控制开关漏气	更换气泵控制开关
		气泵内换向机构卡阻	卸掉液控压力，重新启动气泵；或用撬杠来回撬动活塞连杆
		泵头顶销弹簧或钢珠损坏	更换泵头顶销弹簧或钢珠
15	气动油泵启动和停止不在要求范围内	液气开关弹簧伸张或紧缩	用圆钢棒插入压紧锁母圆孔中，旋开锁母，然后再将钢棒插入支承螺母圆孔中。顺时针旋转，压缩弹簧，关闭油压升高；逆时针旋转，关闭油压降低

四、节控箱和阀门常见故障与排除

节控箱和阀门常见故障及解决措施如表 8-5 所示。

表 8-5　节控箱和阀门常见故障及解决措施

序号	故障现象	产生原因	解决措施
1	气动泵不能正常启动	气控换向阀排气量太大	卸下消声器清洗干净，安装好重新启动
		先导阀排气量过大	卸下消声器清洗干净，安装好重新启动
		供气管路漏气	检查供气管路接头有无破裂，如有损坏及时更换
		检查气控换向阀、先导阀、调压阀是否损坏、失灵	如有损坏，及时更换
2	气动泵启动系统不升压或升压太慢	油箱液面太低，泵吸空	补充液压油至足量
		出油单向阀未打开或吸油口滤油器堵塞	打开泄荷阀，空载运行，排除管路中的空气；清洗滤油器
		液压系统泄荷阀未关闭	关闭液压系统泄荷阀
		蓄能器胶囊无氮气压力	检查蓄能器胶囊有无破损，及时更换
		冬季吸油口滤油器冰冻堵死	及时做好节控箱内保温措施
3	气动泵启动后不能自动停止运行	液压油太脏，污物太多造成吸油单向阀密封性不好	更换液压油
		液压元件或油路、接头有漏油现象	检查各液压元件和内外油路、接头，有损坏时及时维修更换
		溢流阀开启压力过低	调节溢流阀开启压力

序号	故障现象	产生原因	解决措施
4	在节控箱上不能开关液动节流阀或相应动作不一致	液压管线连接不正确、管线断裂、快速接头堵塞	检查液路管线是否断裂，快速接头是否堵塞，及时更换；开关动作不一致时，对调液路管线
		冬季液压油内的水汽凝结堵塞液压管线	检查液路管线，做好保温措施
		有调速手轮的节控箱调速手轮关闭	旋开调速手轮
		节流阀阀座处有堵塞物	拆卸节流阀，清除堵塞物
5	液动节流阀明杆显示全开状态，但是流体无法通过	液动节流阀阀芯处被堵死	拆卸，清理堵塞物
		节流阀阀芯断裂在阀座里面	拆卸节流阀，取出断裂阀芯或更换新节流阀
6	阀位开度显示不正确	气动三联件调压阀供气压力不准确	调节调压阀供气压力至 0.35MPa
		阀位变送器松动	按阀位变送器调试程序重新调试
7	立管压力、套管压力值与钻井队压力表显示值不符	气动抗振压力变送器阀座位置改变	调整气动抗振压力变送器阀座
		气动抗振压力变送器供气压力值低	调节分水滤气器上的调压阀输出压力为 0.35MPa
		液压传感器充油操作不规范	查看整个油路是否充满液压油，确保没有泄漏
8	平板阀通径内轻微渗漏	杂质卡伤、划伤密封所产生的内漏	从注脂阀处加注密封脂7903，再开关闸门 1～2 次
9	平板阀开关不到位，闸板顶住不动	闸板处有异物卡住	清污处理
10	阀门手轮转不动或有卡滞现象	阀杆或者阀杆螺母有碰撞变形	更换已变形的阀杆或者阀杆螺母
		阀座波簧与阀体处锈蚀严重	拆解除锈或更换受损部件
11	阀门手轮空转	阀杆或者阀杆螺母断裂	更换阀杆或阀杆螺母
		阀杆销子断裂	更换阀杆销子

五、液气分离器常见故障与排除

液气分离器常见故障及解决措施如表 8-6 所示。

表 8-6　液气分离器常见故障及解决措施

序号	故障现象	产生原因	解决措施
1	钻井液冒顶	钻井液瞬时流量过大	控制进液管流量
		钻井液中含气量太大，将钻井液顶出	减少钻井液进入量
		排液管堵塞	检查并疏通排液管
		排液口过高	降低排液口高度
2	液气分离效果差，排液口有气体	罐体底部有沉砂，有效分离空间小	清理底部沉砂，增大有效分离空间
		钻井液中含气量太大	暂停使用或减少进液量

参 考 文 献

［1］ 王兴燕，张红军，陈晓军，等. NPT 螺纹与 LP 螺纹的对比分析［J］. 石油机械，2011，39（4）：75.

［2］ 全国螺纹标准化技术委员会. 公制、美制和英制螺纹标准手册（第三版）［M］. 北京：中国标准出版社，2009.

［3］ 张志东，喻建胜. 井控装备［M］. 北京：石油工业出版社，2022.

［4］ 《石油天然气钻井井控》编写组. 石油天然气钻井井控［M］. 北京：石油工业出版社，2008.

［5］ 王华. 井控装置实用手册［M］. 北京：石油工业出版社，2008.

附录

附录1　常用法兰、螺栓、密封垫环参数表

常用法兰、螺栓、密封垫环参数如附表1所示。

附表1　常用法兰、螺栓、密封垫环参数表

公称通径/孔径 mm（in）	额定压力 MPa	总厚 mm	外径 mm	螺栓数量	法兰螺栓孔径 mm	螺栓规格	双头螺栓长度 mm	栽丝螺栓长度 mm	螺帽高度 mm	螺帽对边距 mm	栽丝端扣长 mm	钢圈环号
52.4（2¹⁄₁₆）	21	46	216	8	25	M22×2.5	155	110	24	30	29	R24
52.4（2¹⁄₁₆）	35	46	216	8	25	M22×2.5	155	110	24	30	29	R24
52.4（2¹⁄₁₆）	70	44.1	200	8	23	M20×2.5	142	100	22	27	27	BX152
52.4（2¹⁄₁₆）	105	50.8	222	8	25	M22×2.5	160	110	24	30	29	BX152
52.4（2¹⁄₁₆）	140	71.4	287	8	33	M30×3	218	150	32	41	38	BX152
65.1（2⁹⁄₁₆）	21	49.2	244	8	30	M27×3	172	125	34	36	28	R27
65.1（2⁹⁄₁₆）	35	49.2	244	8	30	M27×3	172	125	34	36	28	R27
65.1（2⁹⁄₁₆）	70	51.2	232	8	25	M22×2.5	160	110	24	30	29	BX153
65.1（2⁹⁄₁₆）	105	57.2	254	8	30	M27×3	182	125	28	36	34	BX153
65.1（2⁹⁄₁₆）	140	79.4	325	8	36	M33×3	240	160	35	46	41	BX153
79.4（3¹⁄₈）	21	46	241	8	25	M22×2.5	155	110	24	30	29	R31
79.4（3¹⁄₈）	35	55.6	267	8	33	M30×3	194	140	32	41	38	R35
77.8（3¹⁄₁₆）	70	58.3	270	8	30	M27×3	184	125	28	36	34	BX154
77.8（3¹⁄₁₆）	105	64.3	287	8	33	M30×3	204	140	32	41	38	BX154

公称通径/孔径 mm（in）	额定压力 MPa	总厚 mm	外径 mm	螺栓数量	法兰螺栓孔径 mm	螺栓规格	双头螺栓长度 mm	栽丝螺栓长度 mm	螺帽高度 mm	螺帽对边距 mm	栽丝端扣长 mm	钢圈环号
77.8（3¹⁄₁₆）	140	85.7	357	8	39	M36×3	260	170	38	50	44	BX154
103.2（4¹⁄₁₆）	21	52.4	290	8	32	M30×3	180	132	32	41	38	R37
103.2（4¹⁄₁₆）	35	61.9	311	8	36	M33×3	212	145	35	46	41	R39
103.2（4¹⁄₁₆）	70	70.2	316	8	33	M30×3	216	145	32	41	38	BX155
179.4（7¹⁄₁₆）	21	63.5	381	12	33	M30×3	210	140	32	41	38	R45
179.4（7¹⁄₁₆）	35	92.1	394	12	39	M36×3	276	180	38	50	44	R46
179.4（7¹⁄₁₆）	70	103.2	479	12	42	M39×3	300	200	41	55	47	BX156
179.4（7¹⁄₁₆）	105	119.1	505	16	42	M39×3	332	220	41	55	47	BX156
179.4（7¹⁄₁₆）	140	165.1	656	16	56	M52×3	450	280	52	70	58	BX156
228.6（9）	35	103.2	483	12	45	M42×3	310	205	44	55	50	R50
228.6（9）	70	123.8	552	16	42	M39×3	342	225	41	55	47	BX157
279.4（11）	35	119.1	584	12	52	M48×3	354	240	50	65	56	R54
279.4（11）	70	141.3	654	16	48	M45×3	388	255	47	60	53	BX158
279.4（11）	105	187.3	813	20	56	M52×3	494	310	52	70	58	BX158
346.4（13⅝）	35	112.7	673	16	45	M42×3	326	220	44	55	50	BX160
346.4（13⅝）	70	168.3	768	20	52	M48×3	448	290	50	65	56	BX159
527.1（20¾）	21	120.7	857	20	56	M52×3	368	250	52	70	58	R74
539.8（21¼）	14	98.4	813	24	45	M42×3	300	220	44	55	50	R73

附录 2　常用螺纹规格介绍

一、不同规格螺纹代号

英国规格的锥度螺纹用 BSPT 和 BSP 表示，美国规格的锥度螺纹用 NPT 表示。PT

是日本的旧 JIS 规格锥度螺纹，相当于 ISO 规格的 R、Rc。代号前面的数字表示每 1in（25.4mm）的螺纹数。DIN2999 是欧洲，主要是德国的管道用螺纹。

（一）NPT 牙

NPT 就是一般用途的美国标准锥管螺纹。

其中 N 表示 National（American）美国国家标准，P 表示 PIPE（管子），T 表示 TAPER（锥形），牙型角为 60°。这种管螺纹在北美地区常用，或在使用 ANSI 规范中经常看到。国家标准可查阅 GB/T 12716—2011《60° 密封管螺纹》。

（二）PT 牙

PT 牙为英制锥螺纹，牙型角为 55°，密封中最常用，多用在欧洲和英联邦，日本 JIS 规范也按英制规范制定，我国其实也使用英制螺牙，属惠氏螺纹家族。国家标准可查阅 GB/T 7306—2000《55° 密封管螺纹》系列标准。

英制管螺纹是细牙螺纹，因为粗牙螺纹的牙深大，会严重降低所切螺纹外径管子的强度。

另外，在实际配小管径管路中，常使用 NIPPLE，主要是因为外购来的 NIPPLE 壁厚相对较厚，能保证攻牙部分的强度，同时主管路又不需要厚管壁，这样可节约成本。PF牙是管用平行螺纹。

（三）其他

G 是 55° 非螺纹密封管螺纹，属惠氏螺纹家族，标记为 G 代表圆柱螺纹。国家标准可查阅 GB/T 7307—2001《55° 非密封管螺纹》。

G 是管螺纹的统称（Guan），55°、60° 的划分属于功能性的，俗称管圆，即螺纹由一圆柱面加工而成。ZG 俗称管锥，即螺纹由一圆锥面加工而成，一般的水管接头都是这样的。

旧国标标注为 Rc 公制螺纹用螺距来表示，美英制螺纹用每英寸内的螺纹牙数来表示，这是它们最大的区别，公制螺纹是 60° 等边牙型，英制螺纹是等腰 55° 牙型，美制螺纹为60°。公制螺纹用公制单位，美英制螺纹用英制单位。

管螺纹主要用来进行管道的连接，其内外螺纹的配合紧密，有直管与锥管两种。公称直径是指所连接的管道直径，螺纹大径比公称直径大。

1/4、1/2、1/8 是英制螺纹的公称直径，单位是 in。

二、不同螺纹的转化

（一）55° 圆柱管螺纹的转化

55° 圆柱管螺纹，来源于英寸制系列，但米制和英寸制国家均广泛采用，用于输送经液体、气体和安装电线的管接头与管子的连接。然而，各国的代号不同，为使用方便，应按附表 2 中将国外代号转化为我国代号。

附表 2　55°圆柱管螺纹转化表

使用者	代　号
中国	G
日本	G、PF
英国	BSP、BSPP
法国	G
德国	R（内螺纹）、K（外螺纹）
ISO	Rp

（二）55°圆锥管螺纹的转化

55°圆锥管螺纹，是指螺纹的牙型角为 55°，螺纹具有 1∶16 的锥度。该系列螺纹在世界上应用广泛。按附表 3 将国外代号转化为我国代号。

附表 3　55°圆锥管螺纹转化表

使用者	代　号
中国	ZG、R（外螺纹）
英国	BSPT、R（外螺纹）、Rc（内螺纹）
法国	G（外螺纹）、R（外螺纹）
德国	R（外螺纹）
日本	PT、R
ISO	R（内螺纹）、Rc（外螺纹）

（三）60°圆锥管螺纹的转化

60°圆锥管螺纹是指牙型角为 60°，螺纹锥度为 1∶16 的管螺纹，此系列螺纹在我国机床行业和美国应用。我国过去规定其代号为 K，后来规定为 Z，现在改为 NPT。螺纹代号对照表见附表 4。

附表 4　60°圆锥管螺纹转化表

使用者	代　号
中国	Z（旧）NPT（新）
美国	NPT

（四）55° 梯形螺纹的转化

梯形螺纹是指牙型角为 30° 的米制梯形螺纹。该系列螺纹国内外比较统一，其代号也基本一致，螺纹代号见附表 5。

附表 5　55° 梯形螺纹转化表

使用者	代　号
中国	T（旧）Tr（新）
ISO	Tr
德国	Tr

三、螺纹种类

依螺纹用途不同可分为以下几种。

（一）国际公制标准螺纹（International Metric Thread System）

这是我国国家标准 CNS 采用的螺纹。牙顶为平面，易于车削，牙底为圆弧形，以增加螺纹强度。螺纹角为 60°，规格用 M 表示。公制螺纹可分粗牙及细牙两种。可表示为 M8×1.25（M 是代号；8 表示公称直径；1.25 表示螺距）。

（二）美国标准螺纹（American Standard Thread）

该螺纹的顶部与根部皆为平面，强度较佳。螺纹角为 60°，规格以每英寸有几牙表示。此种螺纹可分为粗牙（NC）、细牙（NF）、特细牙（NEF）三级。可表示为 1/2-10NC（1/2 表示外径；10 表示每寸牙数；NC 为代号，表示粗牙）。

（三）统一标准螺纹（Unified Thread）

统一标准螺纹由美国、英国、加拿大三国共同确定，为目前常用的英制螺纹。

螺纹角为 60°，规格以每英寸有几牙表示。此种螺纹可分为粗牙（UNC）、细牙（UNF）、特细牙（UNEF）。可表示为 1/2-10UNC（1/2 表示外径；10 表示每寸牙数；UNC 为代号，表示粗牙）。

（四）V 形螺纹（Sharp V Thread）

该螺纹顶部与根部均成尖状，强度较弱，易坏，不常使用。螺纹角为 60°。

（五）惠氏螺纹（Whitworth Thread）

惠氏螺纹是英国国家标准采用的螺纹，螺纹角为 55°，表示符号为 W。适用于滚压法制造。可表示为 W1/2-10（1/2 表示外径；10 表示每寸牙数；W 为代号）。

（六）圆螺纹（Knuckle Thread）

圆螺纹为德国 DIN 定的标准螺纹，适用于灯泡、橡皮管的连接。表示符号为 Rd。

（七）管用螺纹（Pipe Thread）

管用螺纹是为防止泄漏用的螺纹，经常用于气体或液体的管件连接，螺纹角为 55°，可分为直管螺纹（代号为 P.S. 或 N.P.S.）和斜管螺纹（代号为 N.P.T.），其锥度为 1∶16，即每尺 3/4 寸。

（八）方螺纹（Square Thread）

方螺纹传动效率大，仅次于滚珠螺纹，磨损后无法用螺帽调整，这是该螺纹的缺点。一般用作虎钳的螺杆螺纹及起重机的螺纹。

（九）梯形螺纹（Trapezoidal Thread）

梯形螺纹又称爱克姆螺纹。传动效率较方螺纹稍小，但磨损后可用螺帽调整。公制的螺纹角为 30°、英制的螺纹角为 29°。一般用于车床导螺杆，表示符号为 Tr。

（十）锯齿形螺纹（Buttress Thread）

锯齿形螺纹又称斜方螺纹，只适于单方向传动，如用于螺旋千斤顶、加压机中等，表示符号为 Bu。

（十一）滚珠螺纹

滚珠螺纹为传动效率最好的螺纹，其制造困难，成本极高，一般用于精密机械上，如数控工具机的导螺杆。

四、英寸制统一螺纹标注

英寸制统一螺纹，在英寸制国家广泛采用，该类螺纹分为：粗牙系列 UNC、细牙系列 UNF、特细牙系列 UNFF，外加一个定螺距系列 UN。

标注方法：螺纹直径 - 每英寸牙数 系列代号 - 精度等级

示例：粗牙系列　　3/8-16UNC-2A

　　　细牙系列　　3/8-24UNF-2A

　　　特细牙系列　　3/8-32UNFF-2A

　　　定螺距系列　　3/8-20UN-2A

第一位数字 3/8 表示螺纹外径，单位为 in，转换为米制单位 mm 要乘以 25.4，即 3/8×25.4=9.525mm；第二、三位数字 16、24、32、20 为每英寸牙数（在 25.4mm 长度上的牙数）；第三位以后的文字代号 UNC、UNF、UNFF、UN 为系列代号，最后两位 2A 为精度等级。

五、英制螺栓的表示

示例：LH 2N 5/8×3-13UNC-2A

LH 为左螺纹（RH 为右螺纹，可省略）。2N 表示双线螺纹。5/8 表示英制螺纹外径为 5/8in。3 表示螺栓长度为 3in。13 表示螺纹每寸牙数为 13 牙。UNC 表示统一标准螺纹为粗牙。2 表示中配合（3：紧配合；2：中配合；1：松配合）。A 表示外螺纹（可省略），B 为内螺纹。

附录3 钻井常用活接头介绍

在石油钻井中，活接头是常用的管线连接部件。能够准确识别活接头型号是一名现场工作者必备的技能之一。现将常用的活接头相关知识进行总结，便于查阅。

一、共同标准

厂家共同的要求是材料符合 ASME（American Society of Mechanical Engineers 美国机械工程师协会）、AISI（American Iron and Steel Institute 美国钢铁学会）或 ASTM（American Society of Testing Materials 美国材料与试验协会）的标准。各个厂家各种型号活接头有自己的一套标准。

二、公头与母头

在现场作业中，常常把带有螺母的那一段称为母头，不带螺母的那一头称为公头。其实恰恰相反，按照厂家产品目录正确叫法应如附图 1 所示。

附图1 公头与母头

三、颜色的含义

国内外厂家基本上都使用颜色区别不同型号。附图 2 为某厂家钻井常用活接头的颜色与型号对应图。

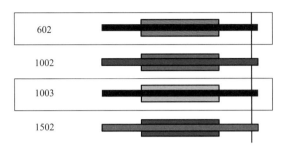

附图 2　某厂家常用活接头颜色与型号对应图

四、数字的含义

一般认为：用三位数表示的，第一位表示工作压力，后两位表示活接头接触面的类型和接触面密封的形式。用四位数表示的，前两位表示工作压力，后两位则表示接触面的类型和接触面密封的形式（00—锥度面，金属接触密封；02—锥度面，橡胶垫密封；03—进口活接头密封在公头上，国内有在母头锥度面开 O 圈槽，O 圈密封）。但也有厂家不这样表示，例如在查看国外某厂家活接头时，发现其酸性气体专用活接头的代号不同于一般性表示。如 figure1002 活接头额定冷工作压力为 7500psi（1 ～ 4in 型号），并非 10000psi。如附图 3 所示。

Figure 602
6,000 psi cold working pressure, 1 through 4-inch sizes

Figure 1002
7,500 psi cold working pressure, 1 through 4-inch sizes;
5,000 psi cold working pressure, 5 and 6-inch sizes

Figure 1003
7,500 psi cold working pressure, 2 and 3-inch sizes;
5,000 psi cold working pressure, 4 and 5-inch sizes

Figure 1502
10,000 psi cold working pressure, 1 through 4-inch sizes;
butt-weld or non-pressure seal configurations only

附图 3　国外某厂家酸性气体专用活接头代号

五、扣型

（一）螺母扣型

扣型为美制梯形螺纹 ACME（音译为爱克姆），不同管径对应不同螺距，ACME 螺纹有 3 种，分别为一般用途 ACME 螺纹、对中 ACME 螺纹和矮牙 ACME 螺纹。如果使用一般用途 ACME 螺纹有困难，例如内外螺纹间经常出现卡死的场合，可以选用对中 ACME 螺纹。矮牙 ACME 螺纹仅用于空间受到限制的极特殊场合。活接头螺帽上用到的扣型为一般用途 ACME 螺纹或者矮牙 ACME 螺纹。

美制一般用途 ACME 螺纹标记由螺纹尺寸代号、特征代号、公差带代号、检验体系代号及旋向代号组成。单线梯形螺纹的尺寸代号为"公称直径-牙数"，公称直径的单位为 in。多线梯形螺纹的尺寸代号为"公称直径-螺距 P-导程 L"，公称直径、螺距和导程的单位为 in。美制 ACME 螺纹特征代号为"ACME"。

美制一般用途 ACME 螺纹的公差带代号为 2G、3G 和 4G，螺纹特征代号与公差带间用"-"分开，检验体系代号为（21）（22）和（23），其具体含义件 ACME B1.3。左旋螺纹应在公差带代号之后标注"LH"代号，右旋螺纹不标注旋向代号。标记示例：右旋单线的美制一般用途 ACME 螺纹表示为 1.750-4-ACME-2G（21）。

附表 6 为一张常用活接头参数表，其中有对应活接头的 ACME 扣型。

附表 6　现场常用活接头参数表

美标 型号	额定压力	标称管径 in		螺纹规格	外螺纹大径 mm	每英寸牙数 个	配合吃合量 mm
Fig200	2000psi （14MPa）	2		$3\frac{13}{32}$in-4 Acme-2G	ϕ86.5	4	9.5
		3		$4\frac{13}{16}$in-4 Acme-2G	ϕ122.1	4	8.2
		4		$6\frac{1}{8}$in-3 STUB-2G	ϕ155.4	3	10
Fig602	6000psi （42MPa）	2		$3\frac{13}{16}$in-3 STUB-2G	ϕ96.6	3	8
		3		$5\frac{3}{8}$in-3 STUB-2G	ϕ136.3	3	9.1
		4		$6\frac{1}{4}$in-3 STUB-2G	ϕ158.3	3	8.3
Fig1002	10000psi （70MPa）	2		$3\frac{13}{16}$in-3 STUB-2G	ϕ96.6	3	8
		3		$5\frac{3}{8}$in-4 Acme-2G	ϕ136.4	4	8
		4		$6\frac{1}{4}$in-4 Acme-2G	ϕ158.6	4	8
Fig1003	10000psi （70MPa）	3 新		$5\frac{5}{8}$in-4 Acme-2G	ϕ142.7	4	22
		4	旧	$6\frac{7}{8}$in-4 Acme-2G	ϕ174.5	4	32
			新	$6\frac{7}{8}$in-4 Acme-2G	ϕ174.5	4	23
Fig1502	15000psi （105MPa）	2		$4\frac{1}{8}$in-3 Acme-2G	ϕ104.6	4	8.5
		3		$5\frac{3}{8}$in-$3\frac{1}{2}$ Acme-2G	ϕ136.3	$3\frac{1}{2}$	8
		4		$6\frac{11}{16}$in-3 Acme-2G	ϕ169.6	3	12.4
Fig2002	20000psi （140MPa）	2		$3\frac{5}{8}$in-4 Acme-2G	ϕ91.6	4	9
		3		$6\frac{11}{16}$in-4 Acme-2G	ϕ170	4	12.8
		4					

国产型号	额定压力	标称管径 in	螺纹规格	外螺纹大径 mm	螺距 mm	配合吃合量 mm
Tr120x6	5000psi （35MPa）	2	120×6-7H	$\phi120$	6	29
Tr150x6		3	150×6-7H	$\phi150$	6	35
Tr180x8		4	180×6-7H	$\phi180$	8	44

国产 Tr 扣型配合与美标 Fig 扣型配合如附图 4 和附图 5 所示。

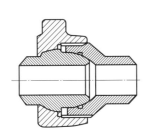

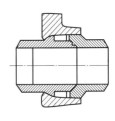

(a) Fig常规扣型　　　　(b) Fig1003扣型

附图 4　国标 **Tr** 扣型配合示意图（仿旧式美标 **Fig1003**）　　附图 5　美标 **Fig** 扣型配合示意图

（二）管线连接螺纹类型

不同厂家活接头有不同规格的连接螺纹，使用较多的是管线管螺纹（LP），也有活接头的连接螺纹为美国标准锥管螺纹（NPT），下面介绍一下这两种螺纹，并进行比较。

LP（Line Pipe Thread）螺纹是 API 油井钢管用标准的 60° 锥管螺纹；NPT［National（American）Pipe Thread］螺纹属于美国标准的 60° 锥管螺纹。

NPT 螺纹规格从 1/16 ～ 24in 共计 24 种，LP 除没有 1/16in 和 24in 外，其余与 NPT 螺纹规格相同，且同规格的两种螺纹螺距也相同。

1. 管线管螺纹（LP 螺纹）

LP 螺纹牙型如附图 6 所示。

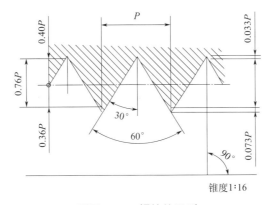

锥度1:16

附图 6　**LP** 螺纹的牙型

螺纹参数：牙型角 60°，锥度为 1∶16，牙底削平高度 0.033P，牙顶削平高度 0.073P。

2. 美国标准锥管螺纹（NPT 螺纹）

NPT 螺纹牙型如附图 7 所示。

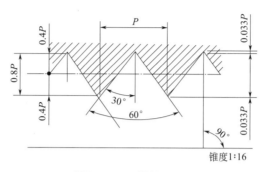

附图 7　NPT 螺纹的牙型

螺纹参数：牙型角 60°，锥度为 1∶16，牙底削平高度 0.033P，牙顶削平高度 0.033P。

两种螺纹只在牙顶削平高度上有细微差别，LP 螺纹比 NPT 螺纹牙顶更平。

六、实物活接头探究

（一）3in FIG602 活接头

附图 8 均为 4in FIG602 活接头，两者均为 1in 3 扣，拥有同样的直径，现场测试两者可以互换。

附图 8　4in FIG602 活接头实物图

（二）3in FIG1002 活接头

附图 9 为 FMC 公司的 weco 活接头，1in 4 扣，螺纹直径约为 136mm。

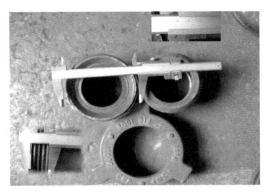

附图 9　3in FIG1002 活接头实物图

附图 10 为活接头密封，每个活接头密封都有自己固定的编号。

附图 10　活接头密封

（三）"非主流"活接头

附图 11 是 3in 压力等级为 15000psi 的活接头，虽然该活接头 1in 为 3.5 扣，直径却与 3in 602 的直径一样。

附图 11　3in 压力等级为 15000psi 的活接头

（四）4in1002 活接头

附图 12 中，两种活接头直径相同，均为 158.5mm，1in 均为 4 扣，但是每个扣的牙顶宽度不一样，附图 12（b）比附图 12（a）的牙顶要宽一些，说明扣型不一样。

 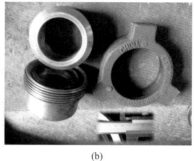

(a)   (b)

附图 12　4in 1002 活接头实物图

（五）4in 1002 活接头

附图 13 中，两种活接头型号相同，厂家不同，虽然直径相同，但是螺距不同。附图 13（a）中的活接头为 1in 约 3.5 扣，附图 13（b）中的活接头为 1in 3 扣，两者不可通用。两者均为可侧偏，具体度数不详（大部分说法是 7.5°），密封圈安装在母头上。

 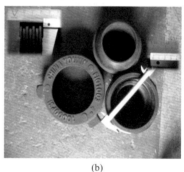

(a)   (b)

附图 13　4in 1002 活接头实物图

（六）4in 1502 活接头

附图 14 中的活接头为 1in 3 扣，只是公头较其他活接头显得平一些。

附图 14　4in 1502 活接头实物图

总结：

（1）通过实物对比不同厂家相同种类的活接头，每个厂家有自己的标准，基本互不通用，因此在选用活接头时尽量选用同一厂家的，这样配合或者分辨起来有标准可依。

（2）现场配合活接头时一定要测试，有时活接头尽管能够配合，但并非真正的紧密配合，此时活接头压力等级下降，容易出现危险。此项工作要引起足够重视。

（3）活接头的生产应该出台统一的标准，有利于行业发展，也更加方便使用者。

附录 4　API Spec 6A 第 21 版（2018）与第 20 版（2010）对标汇总表

API Spec 6A 第 21 版与第 20 版对标汇总如附表 7 所示。

附表 7　API Spec 6A 第 21 版与第 20 版对标汇总表

章节	标题	API Spec 6A 第 21 版内容	章节	标题	API Spec 6A 第 20 版内容
1	范围	本规范明确了石油天然气工业用井口装置和采油树设备的性能、尺寸和功能互换性、设计、材料、试验、检验、焊接、标识、包装、储存、运输和采购的要求，并给出了相应的推荐做法。 本规范不适用于现场使用或检验。本规范同样除与制造协同的焊补以外不适用井口装置和采油树设备的修理。用以安装和服务的工具（如下入工具、测试工具、清洗工具、防磨衬套和注油器）不在本标准范围内。 本规范适用于 4.1 和 14 节中确定的设备。本规范规确定了四种产品规范级别（PSLs）的要求：PSL1、PSL2、PSL3 和 PSL4。补充标识 PSL3G 适用于满足附加压力测试要求的 PSL3 产品，PSL 标识定义了技术质量要求的不同级别。 如果提供带有 API 颁发会标许可证的工厂内生产，则适用于附录 A。 附录 B ～附录 M 已将本文件的版本更改所带来的影响降低到最小	1	范围	本国际标准规定了石油天然气工业用井口装置和采油树设备的性能、尺寸和功能互换性、设计、材料、检验、焊接、表示、包装、储存、运输、采购的要求，并给出了相应的推荐做法。 本国际标准不适用于油田现场使用、试验和修理的井口装置和采油树设备
2	规范性引用文件	下列引用文件对本文件的应用必不可少，凡是注明日期的引用文件，其最新版本适用于本规范（包括任何修正），用于发布的新版本和修订后无注明生效日期的除外。 API 建议操作规程 5A；API Spec 5CT；API 6ACRA；API 6X；API Sped 16A；API Spec 17D；API Spec 20A；API Spec 20E；API Spec 20F；ISO 3834；ISO 5208；ISO 9606；ISO 14732；ISO 15609；ISO 15614-1；ISO 315614-7	2	规范性引用文件	下列引用文件对本文件的应用必不可少。凡是注明日期的引用文件，只有引用的版本才适用于本国际标准；凡是不注日期的引用文件，其最新版本使用于本国际标准（包括任何修正），用于发布的新版除外

章节	标题	API Spec 6A 第 21 版内容	章节	标题	API Spec 6A 第 20 版内容
3.1	术语、定义	在第 20 版基础上增加了 26 个新的术语，现有 114 个： 3.1.5 球阀 ball value 3.1.7 自动关闭阀 boarding shutdown valve，BSDV（自动阀组件安装在水下生产系统和地面设施之间，其会在关闭电源时关闭） 3.1.24 关键尺寸 critical dimensions 3.1.32 附件 fitting 3.1.35 全覆盖 full overlay 3.1.37 融合面 fusion face 3.1.40 悬挂器（芯轴型）hanger（mandrel-type） 3.1.49 静水压测试 hydrostatic test 3.1.50 仪表法兰 instrument flange 3.1.55 制造者 manufacturer 3.1.58 其他端部链接装置 other end conn-ector（OEC） 3.1.60 部分覆盖 partial overlay 3.1.61 旋塞阀 plug value 3.1.71 采购商 purchaser 3.1.75 修补焊缝 repair weld 3.1.79 安全阀 safely valve 3.1.80 安全阀执行器 safety value actuator 3.1.84 壳体测试 shell test 3.1.85 卡瓦座 slip bowl 3.1.86 自动关闭阀驱动器 BSDV actuator 3.1.87 自动关闭阀件 BSDV value 3.1.92 供应压力等级 Supply pressure rating 3.1.99 采油树 tree 3.1.104 用户 user 3.1.107 可见泄漏 visible leakage 3.1.110 井筒 well bore 共 114 个	3.1	术语、定义	第 20 版共 144 个术语，以下 48 个术语在第 21 版中被删除： 3.1.1 验收准则 acceptance criteria 3.1.4 异径接头 adapter 3.1.6 发运条件 as-shipped condition 3.1.13 校准 calibration 3.1.14 碳钢 carbon steel 3.1.15 套管 casing 3.1.16 芯轴式套管悬挂器 casing hanger mandrel 3.1.21 合格证明书 certificate of conformance 3.1.23 化学分析 chemical analysis 3.1.27 采油树 christmas tree 3.1.30 一致性 conformance 3.1.35 转换法兰 cross-over flange 3.1.36 转换四通 cross-over spool 3.1.38 修理 / 再制造日期 date of repair/ remanufacture 3.1.48 外形 form 3.1.50 功能 function 3.1.59 保压时间 hold period 3.1.61 热加工 hot-work 3.1.67 低合金钢 low-alloy steel 3.1.68 装配和拆卸（动词）make-end-break 3.1.69 生产制造 manufacturing operation 3.1.70 主阀 master valve 3.1.71 材料性能 material performance 3.1.73 非暴露栓接 non-exposed bolting 3.1.74 非承压件焊接 non-pressure-containing weld 3.1.88 合格人员 qualified personnel 3.1.90 记录（名词）records（noun） 3.1.93 再制造 remanufacture 3.1.94 修理 repair 3.1.95 修理级别 repair level 3.1.96 修理者 / 再制造者 repaire/ remanufacturer 3.1.97 替换零件 replacement part 3.1.100 室温 room temperature 3.1.102 送入工具 running tool 3.1.107 隔离件 spacer 3.1.111 应力消除 stress relief 3.1.112 应力腐蚀开裂 stress-corrosion cracking

章节	标题	API Spec 6A 第 21 版内容	章节	标题	API Spec 6A 第 20 版内容
3.1	术语、定义		3.1	术语、定义	3.1.115 硫化物应力开裂 sulfide stress cracking 3.1.121 试验工具 test tool 3.1.122 加纹保护器 thread protector 3.1.132 文丘里阀 Venturi valve 3.1.134 内部无损检测 volumetric non-destructive examination（volumetric NDE） 3.1.136 焊接准备 weld preparation 3.1.137 焊接（动词）weld（verb） 3.1.141 翼阀 wing valve 3.1.142 锻件 wrought product 3.1.143 锻造组织 wrought structure 3.1.144 屈服强度 yield Strength
3.2	缩略语	在第 20 版基础上增加了 23 个，现有 45 个： BSDV 自动关闭阀 BSL 螺栓规格水平 CSL 铸造规格等级 H_2S 硫化氢 HPVR 高压阀门拆卸（插头） HVOF 高速氧气燃料 MT 磁粉测试 NA 不适用 NS 非标准 OD 外径 PMR 根据制造商的要求 psi 磅 / 平方英寸（表压力） psia 磅 / 平方英寸（绝对值） PT 渗透试验 RT 放射学测试 SCC 应力腐蚀开裂 SI 国际单位制 SSC 硫化物应力开裂 TPI 每英寸的线程数 USC 美国惯用的 UT 超声检验 VR 阀门拆卸（插头） WPQR 焊工绩效资格记录	3.2	缩略语	缩略语共 27 个，有 5 个在第 21 版中被删除： FEA 有限元分析 HIP 高温等静压 RL 修理 / 再制造级别 R_m 极限抗拉强度 TC 试样
3.3	符号	新增了 "3.3 符号"			无
4	应用与性能	将产品列表从范围移到了第 4 节	4	设计和性能——一般要求	

章节	标题	API Spec 6A 第 21 版内容	章节	标题	API Spec 6A 第 20 版内容
5	设计	删除：通过证明测试设计合格；设计还要考虑第 14 章规定的设备特定要求		没有（以前是第四节的部分）	4.3.3.5 Design qualification by proof test 尽可能接近实际最高应力处。在沿最大应力方向上，以能检测 0.005% 应变（50 微应变；0.00005in/in）的任何类型应变计测量应变。制造商应将用于确定测量应变部位的程序或应变测试的部位，以及温度补偿和静水压对应变计作用的方法形成文件
6	材料	与第 20 版相比变化不大；例如：6.1 总则 增加：在 API 6ACRA 中提到的用于压力控制和压力控制部件的时效硬化镍基合金应复合 API 6ACRA。6.2 书面规范 没有分 PSL1、PSL2-PSL4，但内容一样。6.2.3 非金属要求 增加"与参与流体接触的"（非金属承压或控压密封件应具有书面的材料规范）。增加"注：通用基聚合物的体罚不适用于石墨材料。" 6.3.2 材料鉴定试验质量鉴定试样（OTC）没有 TC。6.3.3.1 铸造做法 增加"铸造做法至少应复合 API 20A 中铸造规范等级（CSL）2 的铸造资格要求，PSL2 和 PSL3、本体、阀盖和端部与出口连接用的所有铸件应满足第 6 节和第 10 节相应的要求，铸造做法至少应符合 API 20A 中铸造规范等级（CSL）3 的铸造资格要求"。注 1：对 PSL4 来说，本节不适用，因为只允许锻造材料。6.3.4.3.1 水淬 水的温度在初始淬火时不应超过 38℃（100°F）。对于池型淬火，水的温度始终不应超过 49℃（120°F）。6.3.5 化学成分 表 11 本体、阀盖、墩布和出口连接材料的钢成分界限中，增加"镍"	5	材料——一般要求	5.1 防磨衬套 5.2 书面规范 PSL1，PSL2-PSL4 5.2.3 非金属要求 非金属承压或控压密封件应有书面材料规范。5.3.3.3 水或接近水冷却速率的其他淬火介质的温度，在淬火开始时不应超过 40℃（100°F）。对于浸池淬火，水或淬火介质温度在淬火终了时不应超过 50℃（122°F）
7	焊接	与第 20 版本相比变化不大 7.3.4 焊接工艺评定 增加"ISO 15614-1"。应按 ASME BPVC 第 Ⅸ 节或 ISO 15609 描述的书面焊接工艺规范（WPS）进行焊接。WPS 应根据 ASME BPVC 中的第 Ⅸ 节或 ISO 15614-1 中的要求使用焊接程序测试来检测其是否合格	6	焊接——一般要求	6.4.3 PSL4 不允许补焊

章节	标题	API Spec 6A 第 21 版内容	章节	标题	API Spec 6A 第 20 版内容
7	焊接	增加"7.4.3 铸件补焊" 铸件的补焊应复合 API 20A 中（CSL）3 的要求，铸件的补焊应按照 API 20A 进行记录	6	焊接——一般要求	6.4.3 PSL4 不允许补焊
8	栓接	<表格> 暴露栓接（低强度） 对于这种等级的螺栓，只有螺栓公称直径 DN ≤ 63.5mm（≤ 2.5in）的法兰是可以接受的			无（以前是第 10 节的部分内容）
9	封隔机构、配件、边界穿透和端口				无（以前是第 10 节的部分内容） 10.17、10.23
10	质量控制	10.2.2.3 校准周期 在制造商能建立校准历史记录和新延长时间间隔（最长增加 3 个月）之前，校准间隔最长为 3 个月，间隔延长增加应限制在 3 个月内，最大校准间隔不超过 1 年。 10.3 人员资格 10.3.1 无损检测（NDE）人员 无损检测人员应按下列要求为基础定制的制造商书面配需程序进行资格鉴定： ISO 9712、ASNT SNT-TC-1A 或 与 ISO 9712、ASNT SNT-TC-1A 相同的国内或国际规范。 目视检验人员应按满足下列规定要求的制造商的书面程序，每年进行一次视力检查：	7	质量控制	7.2.2.3 校准周期 在制造商能建立校准历史记录和新延长时间间隔（最长增加 3 个月）之前，校准周期最长应为 3 个月（实际上最长为 6 个月）

第 8 行"栓接"单元格中的内嵌表格：

	API 20E	API 20F
PSL1	BSL-1	BSL-2
PSL2	BSL-1	BSL-2
PSL3	BSL-1	BSL-2
PSL4	BSL-2(螺栓公称直径 DN ≤ 2½in)	BSL-2(螺栓公称直径 DN ≤ 2½in)
PSL4	BSL-3(螺栓公称直径 DN>2½in)	BSL-3(螺栓公称直径 DN>2½in)

章节	标题	API Spec 6A 第 21 版内容	章节	标题	API Spec 6A 第 20 版内容
10	质量控制	ISO 9712、ASNT SNT-TC-1A 或 与 ISO 9712、ASNT SNT-TC-1A 相同的国内或国际规范。 增加 10.4.2.1 铸件 生产铸件应复合 API 20A 和本规定的要求，API 20A CSL 应符合表 19。 表 19 铸造规范等级和产品规范等级 PSL 对照表 	API 6A	API 20A
---	---
PSL1	CSL2
PSL2	CSL3
PSL3	CSL3
PSL4	NA		7	质量控制	7.3 质量控制人员资格 7.3.1 无损检测（NDE）人员 无损检测人员应按标准 ISO 9712、EN473 或 ASNT SNT-TC-1A 规定要求的制造商的书面程序，每年进行一次视力检查
11	工厂验收试验	新增了"11. 工厂验收试验"			无（以前是第 7 节的部分内容）
12	设备标识	12.1 取消"ISO 10423 标识" 12.2 标识方法 可使用低应力钢印作标识（圆点、虚线），普通箭头 V 形钢印可在低应力区使用，例如用在法兰外径处。 12.8 硬度试验 若阀体、盖或端部及出口连接部位需要进行硬度试验，硬度试验的实际值应打印在靠近试验位置的零件上或由制造商记录	8	设备标识	8.1 取消"ISO 10423 标识" 8.1.8 硬度试验 若阀体、盖或端部及出口连接部位需要进行硬度试验，硬度试验的实际值应打印在靠近试验位置的零件上
13	储存和运输	13.2 防腐蚀保护 应使用制造商的素面要求，对法兰面、焊接斜面端部、外露阀杆和设备内表面上锗含量低于 15% 的钢的外露（裸）金属表面进行腐蚀防护。 13.6 非金属材料的老化控制 a）对非金属密封老化控制要求适用于所有 PSL（不仅仅是 3 和 4）没有按照 PSL1,2,3,4 来要求增加。 b）非金属密封件的包装和储存不得施加足以引起永久变形或其他损坏的拉伸或压缩应力。 注：密封件制造通常提供建议。在适用的情况下，对于给定的密封设计，大内径和相对小横截面的环可以形成 3 个相等的超强环来避免折痕和扭曲，但是不能通过仅形成两个环来实现。 c）制造商对组装到设备中的非金属密封件的书面规定要求应包括记录 PSL4 产品在储存期间组装的密封件的保存程序	9	储存和运输	

续表

章节	标题	API Spec 6A 第 21 版内容	章节	标题	API Spec 6A 第 20 版内容
14	装置—特殊要求	与第四部分列出的产品一致 所有产品信息具有相同的布局 14.1 整体式、盲板式和试验法兰 14.2 密封垫圈 在法兰环槽内形成密封关系的有过盈限制的密封垫环不应重复使用。 14.3 螺纹连接 14.4 三通和四通 14.5 管堵 本规范适用于 1/2in 的 LP 或 NPT 管堵，以及标称尺寸不大于 4in 的 LP 管堵。 注：其他尺寸不在本规范范围内。 14.6 阀拆卸堵 HPRV 堵的螺纹结构尺寸应用 ASME B1.8 中的偏梯形 Stub Acme 螺纹。 14.6.3 材料 拆卸堵本体的材料，至少应满足 6.2 和 6.3 的 PSL3 的材料要求。材料应符合材料标号 60K 的 VR 堵和 75K 的 HPRV 堵。阀拆卸堵应是 DD、FF 或 HH 类材料。 14.7 顶部连接装置 14.8 转换连接装置 14.9 其他端部连接装置 14.10 四通（异径连接四通和过渡四通） 14.10.2.2 端部和出口连接装置 端部和出口连接装置可采用 14.1 要求的法兰式或螺柱式连接、14.3 要求的螺纹式连接，以及 14.9 要求的其他端部连接装置或 16A 要求的卡毂 14.11 阀 14.12 背压阀 14.13 套管悬挂器和油管悬挂器（卡瓦和芯轴式） 14.14 套管头和油管头（包括油管头异径接头） 14.15 节流阀 14.16 驱动器 14.17 安全阀、关闭阀和驱动器 增加：自动关闭阀（BSDV）、SSV 和 USV 至少应符合 PSL 要求，BSDVs 至少应符合 PSL3 的要求。 14.18 采油树的装配	10	装置—特殊要求	10.1 法兰式端部和出口连接 10.4 密封垫环 10.2 螺纹式端部和出口连接 10.10 三通和四通 10.21 管堵 本国际标准不适用于标称尺寸小于 1/2in 的 LP 或 1/2in 的 NPT 管堵，以及标称尺寸大于 4in 的 LP 管堵。 10.22 阀拆卸堵 图 L.7 额定压力为 103.5MPa（15000psi）～ 138.0MPa（20000psi）的阀拆卸制备螺纹结构尺寸（每英寸螺纹牙数为 6 的偏梯形螺纹，精度为 2G） 10.22.4 材料 阀拆卸堵本体的材料，至少应满足 5.2 PSL3 和 5.4 PSL3 的要求。对于工作压力为 138MPa（20000psi）的情况，材料标号应符合 75K，阀拆卸堵应是 DD、FF 或 HH 类材料。对低于 60K 阀拆卸堵，本国际标准不适用。 10.19 顶部连接装置 10.14 转换连接装置 10.18 其他端部连接装置 10.15 异径连接四通和过度四通 10.15.2b 端部和出口连接装置：端部和出口连接装置可采用 10.1 要求的法兰式或螺柱式连接、10.2 要求的螺纹式连接，以及 10.8 要求的其他端部连接装置或 ISO 13533 要求的卡段。 10.5 阀 10.24 背压阀 10.7 套管悬挂器和油管悬挂器 10.6 套管头和油管头 10.8 油管头异径接头 10.9 节流阀 10.16 驱动器 10.20 地面和水下安全阀及驱动器 10.13 采油树
15	记录	15.1.2 本国际标准要求的质量控制记录应由制造商保管，其保存期限应从与质量控制记录相关的装置上标注的制造日期起至少 10 年	7	质量控制	（以前是第七节内容） 7.5.1.3 本国际标准要求的质量控制应由制造商保管，其保存期限应从与质量控制记录相关的装置上标注的制造日期起至少 5 年

章节	标题	API Spec 6A 第 21 版内容	章节	标题	API Spec 6A 第 20 版内容
	附录 A	(资料性附录) 持证者对 API 会标的使用		附录 P	(资料性附录) API 会标使用和试验机构许可证颁发
	附录 B	(资料性附录) 订购指南		附录 A	(资料性附录) 订购指南
	附录 C	(资料性附录) 换算程序—测量单位		附录 B	(资料性附录) 本国际标准的美国惯用单位表和数据
	附录 D	(规范性附录) 尺寸表—(国际 SI) 公制单位		附录 L	(规范性附录) 阀拆卸制备和阀拆卸堵规范
	附录 E	(规范性附录) 尺寸表—USC 单位		附录 B	(资料性附录) 本国际标准的美国惯用单位表和数据
	附录 F	(资料性附录) PR2、PR2F 级性能鉴定程序		附录 F	(资料性附录) 性能鉴定程序
	附录 G	(资料性附录) 高温下装置的设计和额定值的确定		附录 G	(资料性附录) 高温下装置的设计和额定值的确定
	附录 H	(资料性附录) 推荐的密封螺栓装配		附录 D	(资料性附录) 推荐的法兰螺栓扭矩
	附录 I	(资料性附录) 推荐螺栓长度		附录 C	(资料性附录) 6B 型和 6X 型法兰全螺纹螺栓长度的计算方法
	附录 J	(规范性附录) 焊颈法兰			无
	附录 K	(资料性附录) 顶部连接装置		附录 K	(资料性附录) 采油树顶部连接装置的推荐规范
	附录 L	(资料性附录) 扇形法兰			无
	附录 M	(资料性附录) 热处理设备的测量		附录 M	(资料性附录) 热处理设备的限定条件

附录 5　API Spec 16A 第 4 版 (2017) 与第 3 版 (2004) 对标汇总表

某防喷器生产制造商总结整理有且不限于附表 8 所示对标汇总条款。

附表 8　API Spec 16A 第 4 版与第 3 版对标汇总表

序号	API Spec 16A 第 4 版	API Spec 16A 第 3 版
1	1 范围 增加了芯轴	

序号	API Spec 16A 第 4 版	API Spec 16A 第 3 版
2	2 规范性引用文件 增加: API 6AF2 技术报告 综合负载下的 API 法兰性能 API 6X《承压设备的设计计算》 API Spec 20E《用于石油和天然气工业的合金和碳钢螺栓》 API Spec 20F《用于石油和天然气工业用耐腐蚀螺栓》 API TR 6MET《API 6A 标准及 API 17D 标准高温用井口设备的金属材料限制》	
3	图 1 删除 9 和 11	图 1: 9 端部和出口连接 11 井口装置设备
4	图 2 删除 10 和 12	图: 10 隔水管设备 12 井口装置设备
5	3. 术语 增加了符合性证书、关闭比、剪切压力、关键区域、关键尺寸、控压螺栓、保压螺栓、性能级别、占位四通、多功能螺栓、焊件等术语。 3.1.10 螺栓 所有的螺纹紧固件,包括双头螺栓、螺钉和螺帽等。 3.1.40 热处理批 (1) 分批作业炉:经同一热处理周期,作为同一批装卸和搬运的材料。 (2) 连续作业炉:经同一过程参数的热处理过程,连续搬运的公称尺寸相同的一组零件材料	3 术语 3.9 螺栓 用来连接端部或出口端连接的螺纹紧固件。 3.35 热处理批 经过同一热处理周期,作为一批取出的材料
6	4 缩略语 增加了 BSL、CRA、CWI、CSWIP、DAC、DHT、ER、ISR、LMP、LMRP、LVDT、MDB、FAT、MOPFLPS、PR、PWHT 等缩略语	4 缩略语
7	表 2 设备额定压力 增加了 6.9MPa、172.4 MPa、206.8 MPa	
8	5.2.2 最低温度是指设备可能遭受的最低环境温度。 增加了: 连续高温应为按照表 4 规定在 10 个压力循环周期内获得的最低流体温度。 极限高温是指 1h 内允许的流体最高温度。 全部温度范围组合按表 4 给出的 3 位字母代号表示	5.2.2 最低温度是指设备可能遭受的最低温度。
9	表 3 金属材料的温度等级 T-75/250 T-75/350 T-20/250 T-20/350 T-0/250 T-0/350	表 3 金属材料的温度等级 T-75 T-20 T-0

序号	API Spec 16A 第 4 版	API Spec 16A 第 3 版
10	表 4 非金属材料的温度等级 由第一位、第二位、第三位组成	表 4 非金属材料的温度等级 由第一位和第二位组成
11	5.3.3 螺栓 分为陆上用螺栓、水上和水下用螺栓，符合 API 20E 和 API 20F 的要求	5.3.3 螺栓、螺母和攻丝螺栓孔（螺栓连接） 符合 API 6A 的规定
12	表 12　额定压力为 34.5 MPa（5 000 psi）的 16BX 型整体式毂连接 增加了公称尺寸：130	表 11　额定压力为 34.5 MPa（5 000 psi）的 16BX 型整体式毂连接
13	表 13　额定压力为 68.9MPa（10 000 psi）的 16BX 型整体式毂连接 增加了公称尺寸：130	表 12　额定压力为 69MPa（10 000 psi）的 16BX 型整体式毂连接 增加了公称尺寸：130
14	表 14　额定压力为 103.5 MPa（15 000 psi）的 16BX 型整体式毂连接 增加了公称尺寸：130	表 13　额定压力为 103.5MPa（15 000 psi）的 16BX 型整体式毂连接 增加了公称尺寸：130
15	表 17　垫环基本参数 增加了垫环号：BX-169 130	表 16　垫环基本参数
16	5.3.13 试验、排放、注入和仪表连接 增加：而且仅允许在盲板法兰和试验桩中使用	5.3.13 试验、排放、注入和仪表连接
17	5.4.2 承压件、控压或保压件 5.4.2.2API 6X 设计方法	5.4.2 井口承压件 5.4.2.2ASME 设计方法
18	5.4.3 封闭螺栓 $S_a \leqslant 0.83S_y$；$S_b \leqslant 1.0S_y$	5.4.3 封闭螺栓 $S_a \leqslant 0.83S_y$
19	5.4.5 液压连接器 进行了具体的规定，包括安全系数	5.4.5 液压连接器 载荷能力图表参见 API 6AF 形成承载能力图表
20	5.4.7 其他端部连接和 LMRP 芯轴	5.4.5.4 OEC
21	增加了：5.4.8 测试桩	
22	5.5.4 环形胶芯 增加了：制造商应保留能够识别与制造弹性部件、原材料和成型密封件有关的重要参数的文件。一旦这些重要参数发生变化，需要根据本文件予以重新确认。 文件中至少应包括以下重要参数信息： （1）合成物或复合件； （2）制造工艺； （3）合成物供应商； （4）金属镶嵌件设计； （5）黏结剂及其应用； （6）模具设计	5.5.4 环形胶芯

序号	API Spec 16A 第 4 版	API Spec 16A 第 3 版
23	5.5.5 闸板、前密封和顶密封 增加了：制造商应保留能够识别与制造弹性部件、原材料和成型密封件有关的重要变素的文件。一旦这些重要变素发生变化，需要根据本文件予以重新确认。文件中至少应包括以下重要变素信息： （1）合成物或复合件； （2）制造工艺； （3）合成物供应商； （4）金属镶嵌件设计； （5）黏结剂及其应用； （6）模具设计	5.5.5 闸板、前密封和顶密封
24	5.6.3 设计确认 设计确认程序和结果应形成书面文件。 （1）设计确认试验程序； （2）测量和试验设备的文件，包括校准文件； （3）设计确认试验设备的可追溯性； （4）设计确认结果	5.6.3 设计确认 设计确认程序和结果应形成书面文件
25	5.7.1.1 总则 增加了性能级别：PR1 和 PR2	5.7.1.1 总则
26	5.7.1.2 程序 所有工作性能试验应在环境温度下用水或含添加剂的水（制造商应详细指明所用试验流体）模拟井内流体。高温试验可用油基流体完成	5.7.1.2 程序 所有工作性能试验应在环境温度下用水模拟井内流体
27	5.7.1.3 验收准则 除承压起下钻试验外，所有确认压力完整性的试验的验收准则应为无可见渗漏。 本标准所述压力为表压（绝对压力－大气压力）。 试验压力允许超过额定压力，其压差为额定压力的 5% 或者 3.45MPa，择其小者	5.7.1.3 验收准则 除承压起下钻试验外，所有确认压力完整性的试验的验收准则应为无可见渗漏
28	5.7.2.1 闸板防喷器鉴定 5.7.2.2 闸板体、闸板胶芯和顶密封鉴定 分为 PR1 和 PR2 试验，将防喷器和胶芯试验及指标分开。 疲劳试验管子闸板和全封闸板 PR1 可报告，PR2 为 52 次；变径闸板 PR1 可报告，PR2 为 28 次。 剪切闸板试验 3 次剪切钻杆和 / 或密封，PR2 增加了剪切范围试验、偏心剪切试验、侧向力剪切试验。 剪切管柱要求增加了防喷器尺寸 228（9 in），PR2 试验更改对防喷器尺寸 425（16¾in）及更大尺寸的要求。 锁紧装置试验 PR1 为 1 次，PR2 为 52 次，PR2 增加了连续工作温度试验，10 次压力循环。 承压起下钻试验 PR1 可报告，PR2 为 500ft 所需试验和性能要求分别在表 18、表 20、表 21、表 22、表 24 规定。 所用试验芯轴在表 19 中规定，对于公称尺寸为 476mm、527mm 和 540mm 的防喷器 PR2 试验增加了 ≥ 10¾in 的单一尺寸规格的芯轴	5.7.2 闸板防喷器操作性能试验 疲劳试验 78 次； 锁紧装置试验 11 次； 承压起下钻试验 50000ft； 剪切闸板试验 3 次剪切钻杆和 / 或密封

序号	API Spec 16A 第 4 版	API Spec 16A 第 3 版
29	5.7.2.3 环形防喷器鉴定 5.7.2.4 环形胶芯鉴定 分为 PR1 和 PR2 试验，将防喷器和胶芯试验及指标分开。 胶芯拆装试验 PR1 为可报告，PR2 为 60 次拆装循环和 3 次压力循环。 疲劳试验 26 次。 所用试验芯轴在表 26 中规定，对于不小于 280mm 通径的胶芯用最小管柱和最大管柱，且最大值和最小值的密封压力均为额定压力。 PR2 增加了延伸范围试验、低温通径性能试验和连续工作温度试验。 承压起下钻 50 次循环	5.7.3 环形 BOP 胶芯拆装试验 200 次，装拆循环，10 次压力试验； 疲劳试验 78 次； 对于不小于 280mm 通径的胶芯用 5in 管柱承压起下钻 5000 次循环
30	5.7.3.1 闸板防喷器密封性能试验 PR1 5.7.3.2 闸板防喷器密封性能试验 PR2 井压升高的闸板关闭试验 PR1 删除了原版中蓄能器及调压阀的连接。 PR1 密封性能的文件记录如下： （1）记录所用的设备（如 BOP 防喷器型号、操作液缸的尺寸和类型、闸板总成） （2）通过试验记录井压和整个试验期间的关闭压力。 （3）针对初始井压为 0 的每个试验步骤，保持井压密封的关闭压力。 （4）针对初始井压为 0 的每个试验步骤，破坏井压密封的所需的关闭或者开启压力。 （5）针对有上部井压密封的每个试验步骤，影响井压密封的关闭压力。 （6）针对有上部井压密封的每个试验步骤，出现泄漏时的关闭压力。 PR2 密封性能试验更改为初始压力为 0 的低压密封所需的最低操作压力（MOPFLPS）试验 PR2、有上部井压的低压密封所需的最低操作压力（MOPFLPS）试验 PR2、井压助封试验 PR2	C2.1 密封性能试验 5.7.2.1 文件应包括：关闭压力记录和（打开或关闭）压力记录
31	5.7.3.3 闸板防喷器疲劳试验 PR1 5.7.3.4 闸板防喷器疲劳试验 PR2 PR1 疲劳试验文件记录应包括： （1）记录所用的设备（如 BOP 防喷器型号、操作液缸的尺寸和类型、闸板总成）。 （2）试验结束之后应根据制造商的书面程序对闸板体进行磁粉检查（MP）或者液体渗透检查（LP）。 （3）成功关闭和压力循环的次数。 （4）记录整个试验过程中的井压和操作关闭压力。 PR2 疲劳试验增加了每次压力试验均要求进行锁紧装置试验、低压密封所需的最低操作压力（MOPFLPS）试验内容	5.7.2.2 疲劳试验 文件应包括：磁粉探伤报告和开／关和压力循环数。 疲劳试验第 7 次压力试验循环时进行锁紧装置试验

序号	API Spec 16A 第 4 版	API Spec 16A 第 3 版
32	5.7.3.5 闸板防喷器承压起下钻寿命试验 PR1 5.7.3.6 闸板防喷器承压起下钻寿命试验 PR2 压力为 6.9MPa	C2.6 承压起下钻寿命试验 压力为 6.89MPa、13.79MPa、20.68MPa
33	5.7.3.8.1 剪切及密封试验 PR2 增加关闭压力的调整部分。 增加可提高关闭压力，实现密封。 对于最终剪切试验样本，应固定管底，以防其向下移动	C2.3 剪切闸板试验
34	5.7.3.9 闸板防喷器悬挂试验 PR1 5.7.3.10 闸板防喷器悬挂试验 PR2 试验记录增加： （1）记录试验过程中的井压、操作关闭压力和悬挂荷载。 （2）所用试验芯轴直径，包括外加厚的直径和长度（若适用）	C2.4 悬挂试验
35	5.7.3.15 闸板防喷器低温设计确认试验 PR1 和 PR2 试验液体的温度低于试验温度； PR2 将试验时间提高到 10min	D.4 闸板防喷器低温循环试验 保压时间 3min
36	增加了 "5.7.3.16 闸板防喷器持续工作温度设计确认试验 PR2"	
37	5.7.3.19.1 恒定井压试验 PR2 重复步骤 a 至 d 的操作 5 次，每次的井压增量相等，使最后一次的井压等于 BOP 的额定工作压力	C3.1.4 恒定井压试验 重复步骤 a 至 c 的操作 10 次，每次的井压增量相等，使最后一次的井压等于 BOP 的额定工作压力
38	增加了 "5.7.3.20 环形防喷器扩展范围操作性能试验 PR2"	
39	5.7.3.24 环形防喷器承压起下钻寿命试验 PR1 5.7.3.25 环形防喷器承压起下钻寿命试验 PR2 使试验芯轴往复运动。 PR2 试验增加了对于通径不小于 279 mm（11 in）的 BOP，应使用 API 5DP 5 19.50 S IEU NC 50 钻杆接头的试验芯轴。对于通径不大于 228 mm（9 in）的 BOP，应使用 API 5DP 3 1/2 15.50 G EU NC 38 2500 次循环	C3.4 承压起下钻寿命试验 使试验芯轴以 600mm/s 的速度往复运动 5000 次循环
40	5.7.3.26 环形防喷器低温设计确认试验 PR1 5.7.3.27 环形防喷器低温设计确认试验 PR2 试验液体的温度低于试验温度。 PR2 将试验时间提高到 10min	D.5 环形防喷器低温循环试验 保压时间 3min
41	增加了 "5.7.3.28 环形防喷器持续工作温度设计确认试验 PR2"。 增加了 "5.7.3.30 环形防喷器低温通径试验 PR2"	

序号	API Spec 16A 第 4 版	API Spec 16A 第 3 版
42	5.8 操作手册要求 PR1 PR1 增加了防喷器温度等级、闸板总成温度等级。 PR2 增加了建议检查某些组件，包括 NDE、目视检查、尺寸检查和制造商认为恰当的其他检查。组件应包括剪切刀体、盖板螺栓（或其他盖板 / 门锁装置）、闸板腔和闸板体以及制造商认为适用的其他组件 PR2 增加了技术数据表	5.9 操作手册要求
43	6.1 总则 本章规定了承压零件和控压零件的……	6.1 总则 本章规定了承压零件的……
44	6.2.1 金属零件 增加了焊接修补要求、材料的可追溯性、炉校准和确认	6.2.1 金属零件
45	6.2. 非金属零件 增加： 应明确试验流体、试验温度和试验的持续时间； 试验至少应在非金属密封组件的极限温度（见表 4）或以上进行试验	6.2.2 非金属零件
46	6.3.2.2 热处理 增加： 应明确零件热电偶和环境热电偶（带控制和监测标识）的数量和位置。接触零件的热电偶应作为温控热电偶使用。每热处理批次至少应配备两个零件热电偶。保温时间应从所有温控热电偶达到温度设定值范围 +/- 14°C（+/- 57.2 ℉）时开始计算。应规定热处理工艺周期内的升降温速度和温度允许的公差。 应进行荷载（装架）作业。可能需要使用支撑或分离设备，以确保炉中有效加热区加热的均匀性和充分性，或支持零件热电偶的运行。 热处理设备应配备淬火介质质量控制与维护程序。该程序应确定淬火介质化学成分和杂质控制装置，应规定使用淬火介质的工艺条件	6.3.2.2 热处理
47	6.3.4.2 冲击试验 增加：如果使用小尺寸试样，夏比 V 形缺口冲击要求应等于 10mm×10mm 试样乘以表 34 所示的调整系数	6.3.4.2 冲击试验
48	表 33 夏比 V 形缺口冲击试验的验收准则 T−75/250　　T−75/350 T−20/250　　T−20/350 T−0/250　　　T−0/350	表 23 夏比 V 形缺口冲击试验的验收准则 T−75 T−20 T−0
49	增加了"表 34 小尺寸冲击试样调整系数"	
50	6.3.5.2.3 尺寸要求 QTC 的 ER 应不小于其验证零件尺寸	6.3.5.2.3 尺寸要求 QTC 的 ER 应不小于其验证零件的尺寸。但要求 ER 尺寸不大于 125mm（5in）的 QTC 除外

序号	API Spec 16A 第 4 版	API Spec 16A 第 3 版
51	图 9 等效圆模型 增加了两侧图	图 9 等效圆模型
52	增加了 "6.4 控压件"	
53	7.2.2 承载焊缝 增加： 应将吊点的安全系数设计为 2.5，并应使用安全工作荷载的 1.5 倍进行荷载试验。 表面无损检测应在荷载试验后执行，并满足第 5.5 节要求。 应在靠近吊点位置标记安全工作荷载	7.2.2 承载焊缝
54	7.3.7 焊后热处理 增加： 扩散氢热处理和中间消除应力等其他热处理程序应提供文件证明。 对于合金钢组成焊缝（包括堆覆层），在焊后热处理之前，允许冷却低于最低预热温度。由手工电弧焊、埋弧自动焊或药芯焊丝电弧焊组成的焊件，在焊接完成后，不允许焊接冷却至最低预热温度以下，应在 2h 内将焊件的温度提高到 $232℃$（$450℉$）$\sim 399℃$（$750℉$）。 注：如果填充金属制造商将使用的焊接材料归为 H4 扩散氢（如 E7018-H4）类别，则可以忽略去氢热处理	7.3.7 焊后热处理
55	增加： 7.4.3 填充材料规范 7.4.4 化学分析 7.4.7 定位焊焊工操作资格评定 　定位焊应由合格焊工按照 7.4.1 进行。 7.4.8 人员视力检查 所有焊接作业人员应按照 AWS D17.1 规定接受年度视力检查。 7.5.1.2.5 堆焊层硬度试验 7.5.2.4 孔修理工艺评定	
56	8.2.2 压力测量装置 压力试验测量装置应是压力表或压力传感器，应选择试验压力位于满量程 20%～80% 范围的压力表	8.2.2 压力测量装置 压力试验测量装置应是压力表或压力传感器，应选择试验压力位于满量程 25%～75% 范围的压力表
57	8.5.1.4 硬度检测 增加：硬度测试的实际值应标示在靠近测试位置的零件上。组装后，允许其他部件遮盖硬度标记	8.5.1.4 硬度检测

序号	API Spec 16A 第 4 版	API Spec 16A 第 3 版
58	增加了 "8.5.1.9.4 堆覆层的表面 NDE"	
59	8.5.1.13.1 总则 增加：对保持焊接状态的焊接金属覆层只需在初始 PWHT 后进行检测。焊补操作之前和之后以及在任何后续的 PWHT 或机加工操作之后，需要对装配焊缝和焊接金属覆层进行 LP 检查	8.5.1.13.1 总则
60	8.5.1.16.2 方法 增加：硬度测试的实际值应标示在靠近测试位置的零件上。组装后，允许其他部件遮盖硬度标记	8.5.1.16.2 方法
61	增加了 "8.5.1.17 体积无损检测"	
62	8.5.7.1 总则 增加： 高于额定压力的试验压力偏差应为额定压力的 5% 或者 3.45 MPa（500 psi）中较小者。 测试后和装运前，水或含有添加剂的水的试验液应排干，并用腐蚀抑制液替代	8.5.8.1 总则
63	8.5.7.4.2 验收 闸板防喷器、液压连接器、钻井四通和转换接头在压力试验后，通径规应不借助外力穿过通孔	8.5.8.4.2 验收 压力试验后 30min 内，通径规应不借助外力穿过通孔
64	8.5.7.6.2 厂内本体或壳体静水压试验 增加：静水压试验应包括每个壳体端部的垫环区域	8.5.8.6.2 厂内本体或壳体静水压试验
65	增加了 "8.5.7.8.6 BOP 或液压连接器单独运输时的承压组件"	
66	8.6.4.3 螺栓 制造商应按照 API 20E 和 API 20F 规范保存封闭螺栓、保压螺栓和控压螺栓记录	8.6.4.3 封闭螺栓 当有要求时，制造商应保存封闭螺栓的炉次可追溯性记录
67	9.3.2 螺栓 封闭螺栓、保压螺栓和控压螺栓应按照 API 20E 规范或 API 20F 规范进行标记	9.3.2 螺栓和螺母 螺栓和螺母应根据 ISO 10423 进行标记
68	9.3.3 非金属编码 产品代码示例：AA BBBB CCCC DDDD EEE FFFF	9.3.4 胶芯和密封件 产品代码示例：AA BBBB CCCC DDDD EE
69	9.4.1 总则 AA BB CC DD EEEE FFF	9.4.1 总则 AA BB CC DD EEEE
70	删除了规范性附录 B；增加了规范性附录 E "符合性证书的最低要求"；增加了规范性附录 F "焊接评定的夏比 V 形缺口冲击试验"	

附录 6　API Spec 16C 第 3 版（2021）与第 2 版（2015）对标汇总表

API Spec 16C 第 3 版与第 2 版对标汇总如附表 9 所示。

附表 9　API Spec 16C 第 3 版与第 2 版对标汇总表

序号	API spec 16C 第 3 版描述	API spec 16C 第 2 版描述	文件更改情况
1	标准发布日期：2021 年 3 月 标准实施日期：2021 年 9 月	标准实施日期：2015 年 9 月 28 日 勘误 1~4 、增补 1 会标产品范围变更实施日期： 2017 年 9 月 1 日	
2	1 范围 本标准规定了石油和天然气工业用地面和水下节流与压井设备的性能、设计、材料、试验、检验、焊接、标识、包装、储存、运输、采购的要求。 这些要求规定了安全、功能可互换的地面和水下节流与压井系统设备。本规范不适用于油田现场使用或现场试验。本规范也不适用于本节流和压井设备的修复，与制造相结合的焊接修复除外。 4.1 应用 本规范规定了设计和制造以下类型的新设备的最低要求： a）铰接节流和压井管线； b）节流和压井管汇缓冲室； c）节流和压井管汇总成； d）井控节流阀驱动器； e）井控节流阀控制器； f）井控节流阀； g）柔性节流和压井管线； h）节流和压井总成用的活接头； i）刚性节流和压井管线； j）节流和压井设备用的旋转活接头； k）节流和压井挠性环； l）节流和压井管线阀； m）常压液气分离器； n）靶和流体缓冲器	1 范围 本标准规定了节流和压井设备的性能、设计、材料、试验、检验、焊接、标识、包装、储存、运输、采购的要求。 本标准适用于为钻探油气井服务的具有安全和功能互换性的地面和水下节流与压井系统设备。 本标准适用于设计和制造以下设备： a）铰接节流和压井管线（防喷管汇）； b）汇管； c）节流和压井管汇总成； d）钻井节流阀驱动器； e）钻井节流阀控制器； f）钻井节流阀； g）柔性节流和压井管线； h）节流和压井总成用的活接头； i）刚性节流和压井管线； j）节流和压井设备用的旋转活接头。 不适用于节流和压井管汇之外所用的铰接管线。 节流和压井设备中可能包含的其他组件的要求见 4.2	节流阀所属产品类型的名称由 "drilling chokes 钻井节流阀"变为 "well control chokes 井控节流阀"

序号	API spec 16C 第 3 版描述	API spec 16C 第 2 版描述	文件更改情况
3	2 规范性引用文件 新增了以下文件： API Spec 16F API Spec 20E API Spec 20F ASME BPVC，2004：第Ⅷ卷，第 2 册 附录 6 ASQ Z1.4 ASTM D638 ASTM D1414 ASTM D1708 ASTM D412 ASTM D471 ASTM E110 ASTM E213 ASTM E1001 ASTM E2375 ISO 10893−10	2 规范性引用文件 删除了以下文件： API 53	
4	3.1 术语和定义 与第 2 版相比，新增了以下术语： 3.1.6 bolting 螺栓 3.1.9 burst（flexible line）破裂（柔性管线） 3.1.13 certificate of conformance 合格证明 3.1.29 flex loop 挠性环 3.1.34 leak 泄漏 3.1.42 relevant indication 相关显示 3.1.48 technical authority 技术权威 third−party reviewer 第三方认证 3.1.52 well control choke 井控节流阀	3.1 术语和定义 以下术语在第 3 版中被删除： 3.1.1 acceptance criteria 接受准则 3.1.13 chemical analysis 化学分析 3.1.17 closure bolting 封闭螺栓 3.1.28 equivalent design and construction（flexible lines）等效设计和构造（柔性管线） 3.1.30 fit（noun）配合（名词） 3.1.33 form（noun）形状（名词） 3.1.34 function 构造 3.1.36 heat（remelted alloys）冶炼合金 3.1.38 heat affected zone（HAZ）热影响区 3.1.40 hold period 保持期间 3.1.41 hot work 热加工 3.1.43 low alloy steel 低合金钢 3.1.44 material performance 材料信息 3.1.45 non−pressure−containing weld 非承压焊接 3.1.47 post−weld heat treatment 焊后热处理 3.1.52 qualified personnel 合格人员 3.1.54 records 记录 3.1.55 retained fluid 产出流体 3.1.58 room temperature 室温 3.1.59 serialization 序列化 3.1.63 stress relief 应力消除 3.1.64 threaded flange 螺纹法兰 3.1.65 visual examination 目视检查 3.1.66 volumetric nondestructive examination 体积无损检测 3.1.68 welding 焊接 3.1.70 yield strength 屈服强度	

序号	API spec 16C 第 3 版描述	API spec 16C 第 2 版描述	文件更改情况
5	3.2 缩略语 新增了以下缩略语： AQL 接收质量限 CRA 耐蚀合金 HAZ 热影响区 MGS 液气分离器 OEM 原始设备制造商	3.2 缩略语 （略）	
6	4.2 使用条件 4.2.1 温度额定值 4.2.2 额定工作压力 4.2.3 工作条件：流体	4.1 使用条件 4.1.1 温度额定值 4.1.2 额定工作压力 4.1.3 工作条件：流体	章节序号变化 因新旧版本的章节变化较多，以下内容若无影响的将不再识别
7	表 2 设备通径与额定工作压力 3⅛in（78mm）——2000psi（13.8MPa） 3⅛in（78mm）——3000psi（20.7MPa） 3⅛in（78mm）——5000psi（34.5MPa）	表 2 设备通径与额定工作压力 3⅛in（79mm） ——2000psi（13.8MPa） 3⅛in（79mm） ——3000psi（20.7MPa） 3⅛in（79mm） ——5000psi（34.5MPa）	
8	4.3 产品规范级别 a）至 f）（略） 卡箍端部和出口连接应符合 API 16A 的要求。驱动器应符合 API 6A 的要求	4.2 产品规范级别 a）至 f）（略） h）暴露于井筒流体的阀门驱动器组件。 卡箍端部和出口连接应符合 API 16A 的要求。阀门和节流驱动器应符合 API 6A 的要求	删除了"暴露于井筒流体的阀门驱动器组件" 删除了"符合 API 6A 要求的阀门"
9	新增 4.4.5 靶和流体缓冲接头 （略）	无	新增章节。其中对管汇中流体转弯处的结构设计规定了要求
10	无	4.3.5 法兰式、栽丝式、卡箍式端部和出口连接 （略）	删除了该章节
11	4.4 性能要求 4.4.1 概述 产品应按照 4.5 的要求进行设计。温度等级符合 4.2.1 的要求，压力等级符合 4.2.2 的要求，材料选择符合第 5 章的要求	4.4 性能要求 4.4.1 概述 性能要求是装运状态下的产品具体且唯一的要求。产品的性能设计需与压力、温度范围、试验流体相适应，同时应满足本章和第 5 章的要求	
12	4.6 设计验证 设计确认应按附录 A 的规定进行。本章中规定的确认试验拟用于原型或产品的代表性样品	4.5 设计验证 4.5.1 概述 （略） 4.5.2 产品变更 （略）	删除了"产品变更"的要求，附录 A 中有重复说明

序号	API spec 16C 第 3 版描述	API spec 16C 第 2 版描述	文件更改情况
13	无	4.6 通径和额定工作压力（略）	删除了该内容
14	5 材料 5.1 总则 本章适用于所有承压件或控压件的材料性能、加工和成分要求。当组装成符合本规范设计的设备时，其他零件应使用满足第 4 章中设计要求的材料制造。与井内产生的流体直接接触的金属材料也应满足 NACE MR0175/ISO 15156 中的酸性工况要求	5 材料 5.1 总则 本章适用于承压件的材料性能、加工和成分要求。当组装成符合本规范设计的设备时，其他零件应使用满足第 4 章中设计要求的材料制造。与井内产生的流体直接接触的金属材料也应满足 NACE MR0175/ISO 15156 中的酸性工况要求	增加了对"金属控压件"的书面规范的要求
15	5.2 金属零件 所有金属承压件和控压件都需要书面材料规范。制造商对金属材料的书面规范应包括以下各项： a）带有允差的材料成分要求； b）材料鉴定； c）允许的熔炼工艺； d）成型加工工艺； e）热处理工艺，包括带有允差的温度和持续时间、热处理设备和冷却介质，以及加热和冷却要求； f）NDE 要求； g）机械性能要求； h）补焊要求； i）材料的可追溯性； j）加热炉的校准和认证	5.2.2 金属零件 制造商的承压件书面规范应包括以下各项： a）验收和 / 或拒收标准； b）允许的熔炼工艺； c）成型加工工艺； d）热处理工艺，包括带有允差的温度和持续时间、热处理设备和冷却介质； e）带有允差的材料成分要求； f）材料鉴定； g）机械性能要求； h）NDE 要求	
16	5.3 非金属材料 制造商应有生产节流和压井设备中使用的所有非金属材料的书面规范。对于包括热固性和热塑性塑料在内的聚合物材料，这些规范应包括以下要求： a）普通基体聚合物。 b）硬度符合 ASTM D2240 或 ASTM D1415（热塑性塑料可使用等效标准）的要求。 c）热固性聚合物的拉伸、弹性模量和延伸性能符合 ASTM D412 或 ASTM D1414 的要求。 d）热塑性聚合物的拉伸、弹性模量和延伸性能符合 ASTM D638 或 ASTM D1708 的要求。 e）热固性聚合物的压缩性能应符合 ASTM D395 或 ASTM D1414 的要求。 f）浸没（流体兼容性）试验应符合 ASTM D471 或 ASTM D1414 的要求。 1）应规定试验液体、温度和试验持续时间；	5.2.3 非金属材料 制造商书面规范的承压或控压密封件应包括以下要求： a）普通基体聚合物（见 ASTM D1418）； b）物理性能要求； c）材料鉴定和试验后的物理性能变化； d）储存和老化控制要求； e）NDE 要求； f）验收和 / 或拒收标准	增加"热固性和热塑性塑料"的要求、物理性能及浸没试验的标准要求

序号	API spec 16C 第 3 版描述	API spec 16C 第 2 版描述	文件更改情况
16	2）对非金属材料所使用的非金属密封部件，应在最高额定温度或以上进行试验，如表 1 所示。 g）材料鉴定和试验后的物理性能变化。 h）储存控制要求。 i）外观检验要求。 j）验收和 / 或拒收标准		
17	5.6 特殊材料 特殊材料应包括耐腐蚀材料、耐磨损材料，以及表 6 所没有列出的所有其他材料。特殊材料应符合制造商的书面规范	5.2.4 特殊材料 特殊防腐和耐磨损材料、涂层或表面装饰应符合制造商的书面规范，且应包含验收和 / 或拒收标准	
18	无	5.3 钻井节流阀 （略）	删除该条款
19	5.4 节流和压井设备螺栓 对于 4.3 所覆盖的设备，螺栓应符合 API 6A 螺栓规范。 对于 4.3 中未涉及的设备，制造商（OEMs）应有一份符合 API 20E 和 API 20F 要求的螺栓制造商资格认定程序文件。接触井筒流体的螺栓应符合 NACE MR0175/ISO 15156 的要求。制造商应指定双头螺栓、螺母和螺钉的螺纹形式和尺寸。当规定电镀或涂层时，请参考 API 20E 或 20F。 螺栓规格等级应符合表 5 的要求。 表 5 螺栓连接要求 暴露螺栓…… 3 级螺栓…… 2 级螺栓…… 通用螺栓……	5.4 封闭螺栓 螺栓材料应符合制造商的书面规范（其中包括验收准则）	
20	5.7 铸造工艺 制造商应具备以下两种条件： （1）应具有规定型砂控制、型芯制造、合箱和熔化限制要求的书面规范。 （2）铸造供应商，为型砂控制、型芯制造、合箱和熔化设定限制	5.6.3.2 铸造工艺 制造商应具有规定铸砂控制、型芯制造、合箱和熔化限制要求的书面规范	新增对"铸造供应商"的要求
21	5.8 热加工工艺 材料制造商应具有热加工操作书面规范。锻件应采用产生完全锻造组织的热加工工艺成形。 锻件应至少有 3：1 的锻造比	5.6.3.3 热加工工艺 材料制造商应具有热加工操作书面规范。锻件应采用产生完全锻造组织的热加工工艺成形	新增最小锻造比的要求

序号	API spec 16C 第 3 版描述	API spec 16C 第 2 版描述	文件更改情况
22	5.9 化学成分 ……如果该成分是参照公认的行业标准来规定的，则只要行业标准的残留／微量元素限值在本标准的限值之内，则不需要报告那些规定为残留／微量元素的元素。……如果制造商通过参考公认的行业标准（包括化学成分要求）来指定一种材料，该材料应符合参考行业标准的公差范围。如果制造商指定了一种未被公认的行业标准涵盖的材料化学成分，则公差范围应符合表 7 要求。这些公差只适用于表 6 所述的材料类型（碳钢、低合金钢、马氏体不锈钢）。应用表 7 的公差不产生超出表 6 规定的任何限值的结果	5.6.4 金属零件化学成分 （略）	
23	无	5.6 承压件、本体、阀盖、阀杆和端部连接 5.6.1 概述 （略）	删除了该条款
24	5.12 力学试验 5.12.1 拉伸试验 5.12.2 冲击试验 …… 对于刚性管，当不能使用全尺寸（10mm×10mm）横向试件时，应使用能得到的最大的小尺寸标准试样。当不能用横向试样进行试验时，应使用能得到的最大的纵向试样。验收标准应按照表 10 执行。 表 8　承压件的材料性能要求 ……45K（248）…… 表 9　承压件的材料牌号 表 10　验收准则 夏比 V 形缺口冲击验收准则	5.6.5 材料鉴定 5.6.5.1 拉伸试验试样 5.6.5.2 拉伸试验方法 5.6.5.3 冲击试验取样 5.6.5.4 冲击试验试样 5.6.5.5 冲击试验方法 5.6.5.6 试件方向 表 5　承压件的材料性能要求 表 6　承压件的材料牌号 表 9　验收准则 夏比 V 形缺口冲击验收准则 5.7 刚性管线 刚性管线应符合 5.6 的要求	新版表 8 中 103.5 MPa 级本体材料代号"45K（248）"应为"45K（310）"。 盲法兰材料代号全部更改为"75K（517）"。 新版表 9 中 36K 增加"断面收缩率 32"。 新增"非标材料"，明确了刚性管的取样和验收要求
25	5.10 鉴定试验试样 鉴定试验试样（QTC）应符合 API 6A 的所有要求	5.8 鉴定试验试样 （略）	
26	新增 5.11 热处理——设备和淬火 …… （1）水淬火：水或水基淬火介质的温度在开始淬火时不超过 100 ℉（38℃），在完成淬火时不超过 120 ℉（49℃）。 （2）油淬火：在开始淬火时，任何油介质的温度应大于 100 ℉（38℃）。 （3）聚合物淬火：聚合物的温度应由聚合物介质制造商规定	无	新增条款

序号	API spec 16C 第 3 版描述	API spec 16C 第 2 版描述	文件更改情况
27	5.13 液气分离器（常压） （略） 5.13.1 冲击试验 （略）	无	新增条款
28	6.1 概述 新的焊缝和补焊应被绘制出来，以提供焊缝的可追溯性。补焊应绘制在单独的焊缝图上。焊缝图至少应包含以下每个焊缝的可追溯性信息。 ……	6.1 概述 焊接要求分为 4 种： a）非承压焊接（除堆焊外）； b）承压制造焊接——本体、阀盖、钻井隔水管、节流和压井管线、端部和出口连接； c）承压补焊——本体、阀盖、钻井隔水管、节流和压井管线、端部和出口连接； d）堆焊	新增焊缝图及记录信息要求
29	6.2 焊接工艺和性能鉴定 6.2.1 承压件或控压件的焊接程序和性能鉴定应符合 ASME BPVC，第Ⅸ章或同等的国家或国际标准。 ……或同等的国家或国际标准。 6.2.2 焊接程序确认的硬度试验方法和位置…… 6.2.3 冲击试验 ……试验应按照附件 H 中列出的说明和图表进行，或者……	6.3.4 焊接工艺评定 （略） 6.3.5.4 硬度试验 6.3.5.4.2 洛氏法 6.3.5.4.3 维氏法 6.3.5.2 冲击试验 （略）	新增允许使用"等同的国家或国际标准"； 删除了原焊缝硬度试验部位图，指定了硬度试验依据标准； 新增 "附录 H 冲击试验说明和图表"
30	6.3 承压件制造焊缝 6.3.1 焊口设计 带公差的坡口和角焊缝的设计应在制造商的规范中记录下来。 6.3.3.2 局部焊后热处理 ……允许局部火焰加热，前提是火焰被阻挡，以防止直接冲击焊缝和母材	6.3 承压件制造焊缝 6.3.2 接头设计 ……附录 C 给出了焊缝坡口设计的信息。 6.3.5 焊后热处理、局部加热 ……不得用火焰直接烧烤的加热方式。 …… 附录 C 焊缝坡口设计	删除了"附录 C 焊缝坡口设计"； 增加了"局部火焰加热"方式的限制使用条件
31	6.4 承压补焊 6.4.1 使用 ……如果不合格品没有足够的途径进行评估、移除、修复和检查，则该零件应被拒绝使用。 6.4.2.2 孔补焊——性能鉴定 …… 对于焊工技能鉴定，可使用 ASME BPVC，第Ⅸ章 P-1 基本金属作为试件，以代替本规范所涵盖的低合金钢	6.4 承压补焊 6.4.5 评价 （略） 6.4.6.2 孔补焊——性能鉴定 （略）	删除了"母材""熔接""焊接工艺评定记录"等条款； 新增"补焊"的拒收说明； 新增"焊工技能鉴定试样"的可选项

序号	API spec 16C 第 3 版描述	API spec 16C 第 2 版描述	文件更改情况
32	6.5 堆焊 6.5.1.4 环槽堆焊的硬度试验 对于不锈钢填充金属制成的环槽堆焊层，…… 注：这一要求不适用于镍基堆焊层。 6.5.3.4 硬度试验 焊接程序确认的硬度试验方法和位置…… 6.5.3.5 化学分析 焊接工艺评定的化学分析应符合 API 6A PSL 3 的要求	6.5 堆焊 6.5.2.4 环槽堆焊的硬度试验 （略） 6.5.4.6 硬度试验 （略） 6.5.2.2 化学分析 （略） 6.5.4.2 化学分析 （略）	删除了"焊缝硬度试验部位图"，指定了硬度试验依据标准； 允许使用"不锈钢堆焊层"； 应对照"API 6A PSL3"的化学分析要求，确保产品的 PQR 是否符合要求
33	6.6 焊缝 NDE 6.6.3 焊缝 NDE——表面 …… 压力接触（金属对金属）密封面的验收标准是无相关显示。 压力接触（金属对金属）密封面以外的表面的验收标准是： a）主要尺寸没有不小于 3/16in（5mm）的相关显示； b）在任意连续的 6in²（40cm²）的区域内的相关显示不多于 10 个； c）在同一直线上，不得有 4 个或 4 个以上间隔小于 1/16in（1.6mm）（边到边）的相关显示	7.4.6.11 焊缝 NDE …… 7.4.6.11.3.3 验收准则 焊缝表面检测的验收准则应符合 7.4.6.8（目检）及以下附加要求： （1）没有相关线性显示； （2）对不大于 5/8in（15.9mm）焊深的焊缝，圆形显示不大于 1/8in（3.2mm）；对焊深大于 5/8in（15.9mm）的焊缝，圆形显示不大于 3/16in（4.8mm）。 ……	章节顺序变更； "焊缝表面 NDE 验收准则"变更
34	6.7 补焊 （略）	7.4.6.12 补焊 （略）	章节顺序变更
35	7.1.3.1 形式和精度 （略）	7.2.3.1 形式和精度 …… 除非用于测量和记录，压力记录装置无须满足 7.2.2 的要求	删除"压力记录装置"的要求
36	7.2.2 目视检测人员 目视检测人员应按照 ASNT SNT-TC-1A 或 ISO 9712 的要求每年进行一次视力检查	无	新增章节
37	7.2.3 焊接检验员 （略）	7.3.2 焊接检验员 …… 或者按国家相关标准或要求	删除"按国家相关标准或要求"
38	无	7.4.1 概述 7.4.2 材料 7.4.5 验收情况 （略）	删除了相关条款

序号	API spec 16C 第 3 版描述	API spec 16C 第 2 版描述	文件更改情况
39	表 12 本体、阀盖、挠性环、节流和压井管线以及端部与出口连接的质量控制要求（略）	表 10 本体、阀盖、节流和压井管线以及端部与出口连接的质量控制要求 …… 目检——不适用 …… 7.4.6.8 目检 （略）	表头增加"挠性环"，但并未在列表中分类列表中删除"目检"
40	7.4.6.4 硬度试验 7.4.6.4.1 概述 硬度检验应按照 ASTM E10、ASTM E18、ASTM E110、ISO 6506-1 或 ISO 6508-1 规定的程序进行	7.4.6.4 硬度试验 7.4.6.4.1 概述 硬度检验应按照 ASTM E10、ASTM E18、ISO 6506-1 或 ISO 6508-1 规定的程序进行	新增"ASTM E110"依据标准
41	表 13 最小硬度值 …… 80ksi-HB 207-HRB 94.6	表 11 最小硬度值（略）	新增"80ksi"材料代号的最小硬度值要求
42	3.1.42 相关显示 relevant indication（液体渗透或磁粉检测） 任何主要尺寸超过 1/16in（1.6mm）的显示	7.4.6.9.2.2 相关显示 7.4.6.9.2.3 线性显示 7.4.6.9.2.4 圆形显示（略）	"相关显示"的定义移至第 3 章；删除了"线性显示"和"圆形显示"的说明
43	7.3.3.7.2 超声波检测方法 7.3.3.7.2.1 热加工零件 热加工零件的超声波检验应按 ASTM A388、ASTM E428、ASTM E1001 或 ASTM E2375 规定的平底孔法进行。 7.3.3.7.2.2 铸件 铸件的超声波检验应按 ASTM A609、ASTM E428、ASTM E1001 或 ASTM E2375 规定的平底孔法进行	7.4.6.10.2 超声波检测方法 7.4.6.10.2.1 热加工零件 热加工零件的超声波检验应按 ASTM A388（除可能使用的浸入法外）和 ASTM E428 规定的平底孔法进行。 7.4.6.10.2.2 铸件 铸件的超声波检验应按 ASTM A609（除可能使用的浸入法外）和 ASTM E428 规定的平底孔法进行	新增"ASTM E1001 或 ASTM E2375"依据标准
44	表 15 阀杆的质量控制要求 …… 内部无损检测——7.3.3.9 序列化——7.3.3.10 焊接——7.3.4.3	表 16 阀杆的质量控制要求 拉伸试验…… 冲击试验…… …… 焊缝无损检测…… ……	虽然新版列表中删除了"拉伸试验""冲击试验"要求，但阀杆属于承压件，所以这些要求仍然是需要的；删除"焊缝 NDE"要求
45	7.3.4.2 内部检验 在加工螺纹、凹槽或其他反射特征之前，应对每一个阀杆进行超声波检验	7.4.7.2 内部检验 7.4.7.2.1 取样 每一个阀杆进行超声波检验	增加阀杆进行超声波检验时的加工状态要求
46	7.3.4.3 焊接 阀杆不允许进行焊补		

序号	API spec 16C 第 3 版描述	API spec 16C 第 2 版描述	文件更改情况
47	7.3.5 压力控制零件 压力控制金属零件应符合表 12 的质量控制要求。 ……	7.4.8.1 压力控制金属零件 压力控制金属零件应符合表 17 的质量控制要求。 ……	原"表17"与新版"表12"对压力控制零件的质量控制要求等同，故该表的删除对现有技术文件无影响
48	7.3.7 井控节流阀驱动器 金属的驱动器的液压缸、液压缸挡板、活塞和阀杆应能追溯到同一炉批	7.4.10 钻井节流阀驱动器 （略）	删除了"驱动器质量控制要求"列表和材料规范要求，仅要求金属件能追溯到炉批。 无影响
49	7.3.8 非金属材料 …… 7.3.8.5 文件 非金属密封材料的文件应包括： （1）批次可追溯性； （2）硫化日期证明； （3）储存有效期证明	7.4.11 非金属材料 …… 7.4.11.5 文件 供应商和/或制造商应证明材料及最终产品满足制造商的书面规范。合格证应包括厂家零件号、标准号、剂料号、批号、注模日期及储存有效期	删除了"零件号""标准号""剂料号"等要求
50	表17 柔性管线承压件的质量控制要求 …… 内部无损检测——7.3.3.9 序列化——7.3.3.10 ……	表20 柔性管线承压件的质量控制要求 （略）	
51	7.3.11 井控节流阀驱动器 …… 节流阀驱动器的电气设备、连接器、电缆和相关组件应适用于按照 API 500 或 API 505 或同等标准分类的区域，或拟在其中运行的区域（见 10.6.3.1）	7.4.14 钻井节流阀驱动器控制管线与接头质量控制要求 钻井节流阀驱动器的控制管线与接头应遵守制造商的书面规范	
52	表18 刚性管的质量控制要求 （略）	表21 刚性管的质量控制要求 （略）	删除了"拉伸试验""冲击试验""化学成分"等要求
53	7.3.12.2 刚性管线的无损检测 7.3.12.2.1 超声波检测——全壁厚 应采用超声波检验技术，从外表面对管道全身、全长进行检查，以检测和识别缺陷。可以使用相控阵技术。参考指标应为 1/4in（6.4mm）平底孔。最小覆盖范围应为被检查表面的 100%。 应测量并记录管道全长的壁厚	7.4.15.4 内部无损检测 7.4.15.4.1 概述 应按照 7.4.15.4.2 与 7.4.15.4.3（射线检测）规定的方法，执行内部无损检测。 7.4.15.4.2 超声波检测 （略） 7.4.15.4.3 射线检测（略）	删除了"射线检测"方法； 增加"全长壁厚"的测量和记录要求

续表

序号	API spec 16C 第 3 版描述	API spec 16C 第 2 版描述	文件更改情况
54	7.3.12.2.4 NDE 校准 NDE 设备校准应按照 ASTM E543 进行。 7.3.12.2.5 NDE 人员 本标准中提及的刚性管道无损检测操作（目视检查除外）应由符合 ISO 11484 或 ASNT SNT-TC-1A 的合格认证的 NDE 人员进行		
55	7.3.12.2.3 NDE——外表面 应通过以下一种或多种方法检查所有管道外表面的纵向和横向缺陷。UT、漏磁和涡流检测应根据 7.3.12.2.6 校准至缺口几何形状。磁粉或液体渗透检验验收标准应符合 7.3.3.7 或 7.3.3.8 的要求。 （1）超声波检测符合 ISO 9303 或 ASTM E213（纵向）和 ISO 9305 或 ASTM E213（横向）的要求，或者可以使用相控阵技术。 （2）漏磁检测符合 ISO 9402 或 ASTM E570（纵向）、ISO 9598 或 ASTM E570（横向）的要求。 （3）涡流同心线圈检测符合 ISO 9304 或 ASTM E309 的要求。 （4）对于铁磁性管道外表面，应按照 ISO 10893-5 或 ASTM E709 进行磁粉检测。 （5）非铁磁性管道外表面按 ASTM E165 进行液体渗透检测	7.4.15.5 表面无损检测 7.4.15.5.1 概述 在刚性管热处理之后，采用 7.4.15.5.2 至 7.4.15.5.6 所述的任意方法对刚性管外径执行表面无损检测。 7.4.15.5.2 磁粉检测 7.4.15.5.3 液体渗透检验 7.4.15.5.4 涡流检验 7.4.15.5.5 漏磁检验	新增 "ISO 9303" "ISO 9305" "ISO 9402" "ISO 9598" "ISO 10893-5" 等依据标准
56	7.3.12.2.7 管端检查 如果受到自动超声波检验设备的限制无法检查管道各端，则应对该管道部分进行以下操作： （1）用锯切或机械方法切下（禁止火焰切割）。 （2）进行手动或半自动检验，至少达到与内外表面和自动无损检测相同的检查程度	7.4.15.4.2.5 如果受到自动超声波检验设备的限制无法检查管道各端，则应对该管道部分进行手动超声波检验，或者将其废弃	
57	7.3.12.2.8 显示评定（提出证明） 不得进行补焊。 外表面相关显示可打磨掉，但不得违反最小壁厚。应通过使用 7.3.12.2.3 中允许的任何外表面检测方法进行检查来验证缺陷的去除	7.4.15.6 显示评定（提出证明） （略）	
58	7.3.13 活接头与旋转活接头 表 23 规定了活接头与旋转活接头的质量控制要求	7.4.16 活接头与旋转活接头 （略）	
59	7.3.15 常压液气分离器 （略）	无	新增条款

序号	API spec 16C 第 3 版描述	API spec 16C 第 2 版描述	文件更改情况
60	7.4.1.3 试验压力 本体静水压试验压力应至少为最大额定工作压力的 1.5 倍	7.5.4.3 试验压力 静水压试验压力应符合表 25 的规定。 表 25 最低静水压试验压力 （略）	删除了"最低静水压试验压力"对照表
61	7.4.3.1 驱动器壳体静水压试验 7.4.3.1.2 方法 驱动器的液压部分应在驱动器系统最大额定工作压力的 1.5 倍下进行试验。可将该试验作为液压控制系统试验的一部分。该试验应遵循 7.4.1.2 的要求。 可使用水（含或不含添加剂）、气、液压液或其他液体混合物作为试验介质。制造商应记录试验记录中使用的试验流体。 7.4.3.1.3 验收准则 试验结果验收应符合 7.4.1.4 的要求	7.5.6.1.2 方法、试验压力和验收准则 驱动器承压部件的本体静水压试验应符合 7.5.4.2、7.5.4.3 和 7.5.4.4 的要求	详细说明了"试验方法和压力""试验介质"和"验收准则"
62	7.4.3.2.2 方法 …… 试验方法和保压时间应遵循 7.4.1.2 的要求。 …… 7.5.6.2.3 验收准则 试验结果验收应符合 7.4.1.4 的要求	7.5.6.2.2 方法 （略） 7.5.6.2.3 验收准则 如果在每个保压期间满足以下标准，则试验结果可以接受：没有可见泄漏；整个保压期间的压降应维持在 5% 试验压力或 500 psi（3.45 MPa）以内，以较小者为准；压力不得降到试验压力之下。 注：如果用气体介质（氮气、空气或其他混合气体）进行试验，则验收准则应按 B.7.4.2 执行	新增试验方法和时间的要求。调整了验收准则
63	7.4.3.4 电动驱动器功能试验 （略）	无	新增条款
64	7.4.3.5 驱动器密封试验 7.4.3.5.2 验收准则 压力不应低于试验压力	7.5.6.4 驱动器密封试验 7.5.6.4.2 验收准则 驱动器应在每个保压期间无可见泄漏。 注：如果用气体介质（氮气、空气或其他混合气体）进行试验，则验收准则应按 B.7.4.2 执行	调整了验收要求
65	7.4.3.6.3 遥控节流阀的功能试验 7.4.3.6.3.1 方法（液压 / 气动） 7.4.3.6.3.2 方法（电动） （略） 7.4.3.6.3.3 验收准则 节流阀和驱动器应在所有 3 个循环的全行程中在两个方向上操作	7.5.7.3 遥控节流阀的功能试验 7.5.7.3.1 方法 （略） 7.5.7.3.2 验收准则 驱动器应能平滑地双向操作	按"液动/气动"和"电动"区分了试验方法

序号	API spec 16C 第 3 版描述	API spec 16C 第 2 版描述	文件更改情况
66	7.4.5 柔性节流和压井管线 应按照 7.4.1 规定对每个柔性管线总成进行静水压试验，但第二个保压时间至少应为 1h	7.5.9 柔性节流和压井管线 应按照 7.5.4 规定对每个柔性管线总成进行静水压试验，但保压时间至少应为 1h	新版只对"第二个"保压期有要求
67	7.4.8 缓冲室 ……本体试验压力符合 7.4.1.3 的规定……	7.5.12 缓冲室 …… 本体试验压力应符合表 25……	该列表已删除，相应变更了"试验压力"的依据
68	7.4.9.2 6A 阀门低压阀座试验 （略）	无	新增条款
69	7.4.10 井控节流控制 7.4.10.1 压力试验 …… 本体试验压力应符合 7.4.1.3 的规定 ……	7.5.14 钻井节流控制 …… 7.5.14.1.3 验收准则 应在每个保压期间无可见泄漏。 注：如果用气体介质（氮气、空气或其他混合气体）进行试验，则验收准则应按 B.7.4.2 执行	调整了验收要求
70	7.4.11 常压液气分离器 （略）	无	新增条款
71	7.4.12 挠性环 （略）	无	新增条款
72	无	7.6.2 防腐抗硫记录要求 证明设备符合防腐抗硫要求的记录应为本标准其他章所述内容以外的记录，除非本标准要求的记录也满足 NACE MR0175/ISO 15156（所有部分）的要求	删除了该条款
73	表 21 金属标记要求 …… 注 2：挠性环视为刚性节流和压井管线或柔性管（如适用）。 ……	表 26 金属标记要求 （略）	新增"注 2"对"挠性环"的标记说明
74	9.2 防锈 在储存或装运之前，零件及设备的外露金属表面应涂覆不会在低于 125 ℉（50℃）时液化的防锈剂	9.1.2 防锈 储存之前，零件及设备的外露金属表面应涂覆不会在低于 125°F（51.7°C）时液化的防锈剂	

序号	API spec 16C 第 3 版描述	API spec 16C 第 2 版描述	文件更改情况
75	9.4 非金属材料的储存 储存应符合 API 16A 和 API 6A（如适用）的要求。制造商对非金属密封件的书面规范要求应包括以下最低规定： （1）室内储存； （2）最高温度不超过 125 ℉（50 ℃）； （3）避免自然光直射； （4）无应力储存； （5）避免与液体接触； （6）防止臭氧和射线损伤。 制造商应明确规定和要求	9.1.6 非金属材料的储存 老化控制程序和非金属材料保护应遵守制造商的书面规范，制造商应书面规定老化期与储存期	
76	无	10.1 概述 （略） 附录 F 采购信息	删除了该条款，同时删除了"附录 F 采购信息"
77	10.1 节流和压井系统要求 ……节流和压井管线应能进行如下钻井作业： 沿钻杆循环并返回节流管汇； ……		新增了该条款，描述了"节流压井系统"应能达到的功能
78	无	10.3.2 环形垫圈 （略）	删除了该条款
79	无	10.4 双头螺栓与螺母 （略）	删除了该条款，"螺栓"的要求见 5.4
80	无	10.5.4 固定钻井节流阀 （略）	删除了该条款
81	10.5 钻井节流阀驱动器 10.5.1 概述 ……驱动器应能在失效时保持原位置	10.5 钻井节流阀驱动器 10.5.1 概述 （略）	增加"驱动器"的"失效保持"功能要求
82	10.5.2 性能要求 驱动器应满足表 22 的规定。 电动驱动器的本体或外壳……	无	新增"电动驱动器"的性能要求
83	无	10.6.3.2 连接 管路连接应符合……	删除了该条款
84	10.7 柔性节流和压井管线 10.7.1 概述 （略） 10.7.2 设计方法 由于柔性管线制造商采用不同的设计方法、材料和构造，且具有不同的现场经验水平，因此设计方法及其有效范围应由独立的第三方技术权威机构/第三方审核者批准	10.8 柔性节流和压井管线 10.8.1 概述 如果有必要适应诸如自升式平台…… 10.8.2 设计标准 （略）	删除了"平台或水下"环境使用"柔性管线"的说明； 新增"柔性管线"设计的批准要求

序号	API spec 16C 第 3 版描述	API spec 16C 第 2 版描述	文件更改情况
85	10.10 节流和压井管线阀门 10.10.1 概述 10.10.2 地面节流和压井管线阀 10.10.3 海底节流和压井管线阀 （略）	无	新增了"节流压井管线用阀门"的要求
86	10.11 节流和压井管汇总成 …… 10.11.1.3 压力等级 …… 具有不同端部连接的短节和转换连接的额定值以最低额定端部连接为准。 10.11.1.4 温度额定值 温度等级应符合 4.2 的规定。节流和压井管汇的额定值应为管汇中任何部件的最低额定值。 注：对于用于水下防喷器的节流压井系统，在水上安装和运行的设备与在水下运行的设备之间，温度额定值可能不同。 10.11.1.5 配置和组件选择 …… ——驱动阀应由液压、气动或电动驱动器驱动； ——节流阀和节流阀上游的所有节流管汇部件的 RWP 应不小于使用中的防喷器； ——节流阀下游的隔离阀以及节流阀和隔离阀之间的任何短管的 RWP 应不小于使用中的防喷器； ——绕过节流阀的管线的内径应不小于节流阀管线； ——仪表应设计为在买方规定的环境中工作，并符合 API 500 或 API 505 的建议。 …… 管汇配置应符合 10.1 的功能要求，并应设计为： ——在检测环空压力的同时进行井侵清除； …… ——设计时应避免高侵蚀位置，尽量减少方向变化的数量和严重程度； ——假设节流阀下游始终有一条通向大气的管线，则应确保管汇的任何部分不会因其他部件（如节流阀、止回阀或闸阀）的故障而暴露在高于其额定工作压力的压力下； ——如果零件被腐蚀、堵塞或出现故障，允许在不中断流量控制的情况下，通过不同的节流阀重新调整流量； ——提供隔离节流阀下游故障的能力，并改变流经管汇的流量；	10.12 节流和压井管汇总成 10.12.1 概述 （略） 10.12.2 设计结构 ……管汇结构应符合下列一条或多条要求： a）API 53； …… d）独立认证/分类机构发布（若采购商有所指定）的规则。 …… 10.12.3 组件 （略） 10.12.4 额定压力 （略）	删除了符合"API 53"和"第三方"的规定，同时增加了一些对"管汇配置""材料""试验""标记""运输和储存"及"文档"的要求

序号	API spec 16C 第 3 版描述	API spec 16C 第 2 版描述	文件更改情况
86	——除节流阀入口外，在节流阀上游至少提供一个入口，例如，使乙二醇系统的接口能够用于水合物缓解、温度检测或冗余压力监测。 ——制造商应在节流阀下游至少提供两个出口。 注 3：附加配置和尺寸要求可由以下一项或多项规定： …… ——流动和侵蚀分析。 10.11.2 材料 （略） 10.11.3 测试 管汇总成应进行低压试验和高压试验…… 10.11.4 标记 （略） 10.11.5 装运和储存 （略） 10.11.6 文档 （略）		
87	10.12 缓冲室 10.12.1 设计 10.12.1.1 标准 设计应符合 4.4 的规定。 端部和出口连接（喷嘴和喷嘴附件）的加强应符合 API 6X、ASME B31.3 或 ASME BPVC Ⅷ的要求	10.11 缓冲室 10.11.1 设计标准 所有额定工作压力的设计厚度应符合 API 6X 规定。设计容许应力应符合 4.3 的要求。喷嘴和喷嘴附件的加强应按照 API 6X 进行	增加了设计参考标准
88	10.14 液气分离器（大气） （略）	无	新增条款
89	10.15 挠性环 （略）	无	新增条款
90	无	附录 A 持证者对 API 会标的使用 （略）	删除了该附录
91	A.2.1 设计更改 …… 原型设备（或首件）和夹具用于使用这些验证程序验证设计，应在设计、生产尺寸 / 公差、预期制造工艺、挠度和材料方面代表生产模型。如果产品设计在类型、功能或材料上发生变化，制造商应记录这些变化对产品性能的影响。 …… 注 2：当定义为零件之间的几何关系时，配合包括零件和配合零件设计期间使用的公差标准；当定义为调整或成型的状态时，配合包括密封件及其配合件设计期间使用的公差标准。 设备应具有装配所需的最少润滑油，除非在设备运行或在密封室中运行时可以补充润滑油。 ……	B.3.1 设计更改 （略）	对 "原型设备" 和 "夹具" 规定了要求； 对 "配合" 和 "公差" 规定了要求； 对 "设备润滑油" 规定了要求

序号	API spec 16C 第 3 版描述	API spec 16C 第 2 版描述	文件更改情况
92	无	B.6 安全 应适当考虑人员和设备安全	删除了该条款
93	A.4.4 验证期间的维护程序 验证程序中可包括制造商发布的建议维护程序。在压力试验失败后，不得对阀门注入润滑油或涂抹润滑脂，以继续试验。除非本附录中有特别说明，否则在验证过程中不允许更换零件	B.5.4 维护程序 制造商发布的建议维护程序可用在设备上，包括阀门润滑	
94	无	B.7.3.2 压力完整性 B.7.3.2.1 最低 / 室温 / 最高额定温度下的静水压试验 （略） B.7.3.2.2 最低 / 室温 / 最高额定温度下的动态试验 （略）	删除了该条款
95	A.5.4.2 室温下的水压试验 A.5.4.2.1 水压试验的验收标准 ……则在 40 ~ 120℉（4 ~ 50℃）温度范围内……	无	新增了"室温下的水压试验验收准则"，但其中关于室温的范围与"A.1 应用"条款红定义的"室温应为 40 ~ 120℉（4.4 ~ 48.9℃）"范围有差异
96	A.5.4.3.3 气体试验验收准则 …… 阀门、阀板、阀塞或阀球通孔密封的标称孔径为 30cm³/h、25.4mm	无	新增"阀门、阀板、阀塞或阀球通孔"的验收要求
97	表 A.1 标准试验流体 试验流体方案 A…… 试验流体方案 B…… 试验流体方案 C……	表 B.1 标准试验流体 （略）	新增"试验流体方案 B"和"试验流体方案 C"可供选择，分别对应于 API 6A 中"DD/EE"和"FF/HH"环境
98	A.7.4.3.5 试验循环 （1）在室温下应用额定工作压力，+10% ~ 0。压力稳定后，保压 1h。 …… （5）泄放压力至 0，并冷却至室温。 ……	B.9.4.3.5 试验循环 （1）在室温下应用额定工作压力，压力稳定后保压 1h。 …… （5）泄放压力并加热设施。 ……	第 5 步更新为"冷却至室温"，而后重新升温； 为"额定压力值"和"额定温度值"上下限设定了界限

序号	API spec 16C 第 3 版描述	API spec 16C 第 2 版描述	文件更改情况
99	A.7.4.3.7 验收准则 …… —— 整个保压期间的压降应维持在 5% 试验压力或 500psi（3.45MPa）以内，以较小者为准； —— 压力不得降到规定试验压力之下	B.9.4.3.7 验收准则 保压期间不应有可见的泄漏	新增了验收准则
100	A.7.4.4 浸没试验 A.7.4.4.1 概述 A.7.4.4.2 温度 A.7.4.4.3 压力 A.7.4.4.4 暴露时间 A.7.4.4.5 试验流体应用 A.7.4.4.6 验收准则——浸没试验	B.9.4.4 浸没试验 B.9.4.4.1 概述 B.9.4.4.2 试验流体应用 B.9.4.4.3 验收准则 （略）	新增了"浸没试验"的"温度""压力""暴露时间"和"验收准则"的规定
101	A.8.3.1 试验要求 ……制造商可选择使用盲阀座，并在试验后拆除	B.10.3.1 试验要求 ……制造商可选择使用盲阀座	
102	A.8.4 室温下的动态试验 …… （2）打开节流阀，同时将压力保持在 50% ~ 100%RWP （3）关闭节流阀，调整压力至 RWP。 …… A.8.5 最高额定温度下的动态试验 （同上） A.8.6 最低额定温度下的动态试验 （同上）	B.10.4 室温下的动态试验 …… （2）打开节流阀，同时保持压力。 （3）关闭节流阀。 …… B.10.5 最高额定温度下的动态试验 （同上） B.10.6 最低额定温度下的动态试验 （同上）	
103	A.10 柔性节流压井管线设计验证试验 A.10.1 概述 …… 符合 A.10.2 要求的设计验证应证明所测试的软管及较小尺寸的等压额定值符合以下要求： …… 符合 A.10.3 和 A.10.5 要求的设计验证试验应证明所试验的软管，以及相同或较低额定压力的较小尺寸软管符合以下要求： ……	B.12 柔性节流压井管线设计验证试验 B.12.1 概述 （略）	不涉及该产品
104	A.14 海底节流和压井管线阀门的设计验证 （略）		新增
105	附录 C 管子热膨胀计算 C.1 应力分析——热膨胀 $S_{tm}=E \propto (\Delta T) \leqslant S_m$	附录 E 管子热膨胀计算 E.1 应力分析——热膨胀 $S_{tm}=\frac{L}{A}\Delta TBE \geqslant S_m$	该附录为资料性附录

续表

序号	API spec 16C 第 3 版描述	API spec 16C 第 2 版描述	文件更改情况
106	附录 D 井控节流控制台系统 …… D.2.1 概述 …… f）控制面板上的仪表，用于显示系统动力（液压、空气）。 g）对于电气系统，可提供显示功率的可见指示。 ……	附录 G 井控节流控制台系统 …… G.2.1 概述 …… f）控制面板上的压力表显示液压泵、蓄能器系统或其他动力源的系统动力（液压、空气、电力）。 ……	
107	附录 E 节流和压井系统的配置示例 …… 图 E.6 立管节流阀安装示例 ……	附录 H 节流和压井系统的配置示例 （略）	删除了"2K 和 3K 额定工作压力"级别的示例； 新增"图 E.6 立管节流阀安装示例"
108	附录 F 常压液气分离器 （略）		新增
109	附录 G 焊接评定用夏比 V 形缺口冲击试验位置 （略）		新增

注：表中蓝色文字为主要修改之处。

附录 7　API Spec 16D 第 3 版（2018）与第 2 版（2004）对标汇总

总结整理有且不限于以下对标汇总条款：

（1）新会标产品需在设计文件里增加通风口数量说明，并提供计算文件。

依据：5.5.3 为防止过压，每个液箱应有通风口，其通风量应超过进入的液体流量，这些通风口不得转用于机械密封。

（2）新会标产品应在装配记录里提出冲洗油箱污染物的要求。

依据：5.5.5 在引入液体之前，应清洗和冲洗液压液箱中的所有焊渣、机器切屑、沙子和任何其他污染物。

（3）新会标产品油箱的可用液量计算有更改，对应的铭牌打字需要更改。

依据：5.6.1 液压液箱的可用容量应至少是蓄能器系统储存的液压液容量的 2 倍。在泵正常运行所需液面以下的液体不能视为可用容量的一部分。

（4）对于新会标产品，销售需要求客户向制造方提供陆地及水上钻机的防喷器组配置和参数表里的内容（包括系统参数及环境条件等），供液量计算用。

依据：5.3 工作条件。

（5）新会标产品控制站的显示装置需能实时显示控制转阀的工作位置，所以经讨论确定新会标的气控型液控的司钻台只能采用灯显，不能再用显示开关牌；经讨论确定转阀中位不是工作位，所以指示灯只需显示转阀的开关位即可，沿用之前灯显的控制方式。

依据：5.16.3.1 在安装时，用于指示功能状态的控制站指示灯（或其他直观指示装置）应指示液压控制阀的位置。红色、琥珀色和绿色应作为控制站指示灯（或显示）的标准色。绿色应表示功能元件在正常的钻井位置，红色应表示功能元件在非正常的位置，琥珀色应表示功能元件在"封闭"或"排放"的位置。在具有 3 个或更多位置的功能元件上，每当"封闭"或"排放"（琥珀色）指示打开时，红色或绿色应亮起，从而指示最后选择的功能元件位置。其他指示颜色可用于特定功能元件上的信息显示，例如选择黄色或蓝色水下控制盒。

（6）为了解决更换滤油器必须停机的问题，新会标产品需为主系统增加带隔离阀的双过滤装置。

依据：5.9.1 应为主系统液压动力液供应采用带隔离阀的双过滤器并联装置。

（7）新会标产品中，确定给用户提供的 FMEA 的最低可维护子组件是液压元件和大的电器件，不必分得太细，销售需向客户解释此问题。

依据：5.11.1 应根据 IEC 60812 或等效的国家或国际标准（包括应急和辅助系统），为每个控制系统设计提供 FMEA，直至最低可维护的子组件。FMEA 用于识别和控制与控制系统功能相关的风险。FMEA 应确定风险识别、评估和缓解的技术、工具及其用法。

（8）新会标产品中每组泵系统增加一个卸荷阀。

依据：5.13.4 泵隔离要求每个泵都应设有供液隔离阀和泄荷阀。这些阀不应影响其他泵的运行。

（9）新会标产品中每一组蓄能器增加一个卸荷阀回油箱。

依据：5.15.3.3 每个蓄能器组上应安装压力隔离阀和卸荷阀，以便于检查预充压力或将控制液从蓄能器组排回液箱。

（10）新会标产品每一台的预充压力都不一样，操作手册中应标注出预充压力值，销售谈协议时也要注意控制系统跟钻机及环境的匹配性。

依据：5.15.3.8 系统蓄能器中的预充压力用于推进存储在蓄能器中的液压液，以执行系统功能。预充压力大小取决于要操作的设备的特殊操作要求和操作环境。操作手册应根据设计说明需要的预充压力的任何要求。应为水上设备规定温度条件。

（11）对于新会标产品，需向客户提供溢流阀试验记录和合格证，溢流阀随整机试验进行型式试验即可。

依据：5.15.7.2 应提供溢流阀调定和操作证明，说明溢流阀的调定点和复位压力。

5.15.7.4 溢流阀还应进行型式试验。

（12）对于新会标产品，销售需向客户确认分流器和防喷器是否同时使用，并明确控制逻辑；确认分流器是否需要互锁序列。

依据：5.16.3.5 如果防喷器和分流器可以同时使用，每个控制站应能够显示整个防喷器组和分流器的操作器位置和压力读数。

10.3.3.1 分流器模式序列的启动应与单个功能相同，即一次启动应启动整个序列。

（13）新会标产品均带报警，销售需与客户明确报警功能，每个控制站均应带有报警功能。

依据：5.16.1.4 每个控制站位置应具有以下能力：

……

e）监控所有报警的状态。

5.16.5.3 在满足列出的事件条件时，应立即直观地提供以下声光报警（如果安装了这些设备／系统）。

（14）新会标产品的整机试验记录需增加 UPS 测试实验。

依据：5.17.3.3.1 子系统（例如控制站、HPU、分流器控制系统、不间断电源、软管卷筒）应在工厂验收测试，以确保符合本技术规范。

（15）新会标产品的陆地设备至少带一个司钻台，海上设备至少带一个司钻台和辅助司钻台，司钻台和辅助台的功能一样；司钻台和辅助司钻台均要按物理布局，带前门；说明书中要有指示灯颜色说明；气控型的司钻台和辅助台需要加气罐，电控型的远程台需要加气罐及 UPS。

依据：5.16 远程操作。

（16）新会标产品的软件程序需出文件和测试报告，供方在提供软件程序时需要同时提供设计和审核文件，白盒测试报告，制造方对软件资料应图文档存档，黑盒测试在整机试验时验证。

依据：5.18.4.7 如果需要，应记录使用软件构建过程的构建软件的结果（例如：使用的构建工具、构建的组件、警告、错误等），以便在将来用于排除故障。

5.18.6.6 软件和源代码的副本应在非现场位置存档，以确保备份副本得到安全的维护。

（17）新会标产品需提高油品精度和等级，说明书需向客户提供油品保养指标规范；厂内应增加油库清洁及油品检测设备。

依据：11.2 检查和保养程序应包括：

……

f）液体质量要求。

（18）新会标产品随机文件里的设计图纸需负责人签字，并在随机文件封皮统一签名和日期。

依据：12.1 所有文件应注明日期，如果适用，要标注出版本。每个文件应由对它的完整性、准确性以及正确分发负责人来签字。

（19）新会标产品的产品元件（包括自制件和外购件）的材料规范及合格证、危险区域合格证明等文件需要存档至少 5 年。

依据：12.2 质量控制程序。

下面所列记录应由制造厂至少保存 5 年：记录保留还应符合 API Q1 的任何补充要求。

a）材料规范及合格证；b）危险区域合格证明；c）静压试验记录；d）性能试验和测量；e）材料和零件明细表；f）工程图纸；g）设计数据文件；h）API 16D 一致性证

书；i）符合 API 16D 的合格证明。

（20）需更新新会标产品的整机试验记录文件，包括新增油箱清洗和油品清洁度要求；电动机电压、气源压力和流量的实用性验证，制造方需要保证液控装置用液压油的清洁度（目前车间使用的液压油不能保证使用要求）。针对特殊电压的液控装置如460V/60Hz，要有能够提供特殊电压和频率的供电设备来进行试验，目前液控装置试验电源为 380V/50Hz。气泵的气量提供要能满足多个气泵的液控试验，并提供气源总流量数值。

依据：12.4 试验程序编制。

a）清洗及液体清洁度要求；

b）实用性验证，包括：电动机电压、频率、相平衡、电流和绝缘电阻；气源压力和流量。

（21）需对涂漆符合的 SSPC 标准进行最新版对标，确定涂漆标准是否需要更新。

依据：13.5 针对设备的安装环境，所采用的喷砂清理方法、涂漆材料和测量标准应符合美国钢结构涂装协会（SSPC）的推荐方法。制造厂应以书面程序指定材料、应用以及检验的要求。

（22）GF323 承压部件采购规范需要更新。

依据：14.2.2.4 内部或外部工作压力高于 15psi（103kPa）的压力容器，应满足或超过 ASME BPVC 第八卷第一册第 2 部分的强制性附录或等效压力容器规范。

（23）为了将蓄能器下部管汇、后排管、调压阀出口的管路都能做到静压试验，明确新会标产品做出厂试验的静压试验时需摘掉调压阀和溢流阀，接上试验管路，转阀在开关位分别试验，需要更新出厂试验记录规范。

依据：14.8.2.1 对于内部承压 250 psi 或更高的管路和部件系统，控制系统制造厂应提供静压试验证明。

（24）新会标产品爆破试验的额定爆破压力至少是元件额定工作压力的 2 倍，自制液压元件每种都需要做 2 倍额定工作压力试验，待厂内具备试验条件后进行试验。采购件如球阀、高压截止阀、压力表、压力控制器、压力变送器、压力开关等元件要求供方提供 2 倍额定压力试验报告。

依据：14.2.7.1 对控制系统液压回路中使用的元件，应由元件制造商对等于或大于它们可能承受的最大系统压力的额定工作压力进行评定。额定爆破压力应至少是元件额定工作压力的 2 倍。注意：本类别中的元件包括控制阀、单向阀、减压/调压阀、电磁阀、压力开关、压力变送器、压力表、溢流阀、泵液力端以及液压系统中的其他元件。

（25）新会标产品的电缆线卡和管路支撑的设计需符合行业标准或制造厂的书面规范。

依据：14.2.4.2 管线和管路应有充分的支撑和夹紧，以避免端部配件因振动、疲劳和冲击载荷引起故障。夹具应能抵抗系统正常振动引起的松动。夹具和支撑应符合行业标准（例如 ASME B31.3；KSC-SPEC-Z-0008C）或符合制造厂的书面规范。

（26）新会标产品的电器焊接人员需要取证（液控电器焊接人员主要是插接装置的焊接，或者全部选择压接的插接装置）。

依据：14.3.9 焊接应符合以下标准或同等公认的国际标准：

......

e）焊接操作员已通过认证培训师的 IPC J-Std-0001 认证。

（27）新会标产品中整机试验可以算作元件循环试验。

依据：14.4.1.5 所有单向阀和梭阀都应进行循环试验和压力、流量的试验，以确保在正常工作条件下具有正常功能。

（28）新会标产品的整机型式试验能够类比的可以进行类比，不能够类比的需要做型式试验，FKQ800-6H 必须做型式试验，因涉及供货周期和运输，请相关部门提前进行协调，后续订货的会标产品需要提前确认是否要做型式试验。

（29）新会标产品的合格证改为 COC 符合性证明。

（30）向客户提供的物料清单细化到元件即可。

依据：15.4.1 所有控制系统部件均应可识别。未标记的零件应通过物料清单识别，并在图纸中说明。

（31）新会标产品设计验证和确认应遵循 API Q1 中规定的要求。

依据：5.2 设计审查。

在制造设备或从库存中发放设备以满足销售订单要求之前，制造厂的负责工程部门应验证设计是否满足所有要求，并符合本技术规范。设计验证和确认应遵循 API Q1 中规定的要求。

（32）新会标产品的液压图和电路图图形符号要遵循相关标准。

依据：5.4.1 液体动力和电气图表的图形符号应符合 ISO 1219 或 IEC 60617（或等效的国际或国家标准），并带有符号库。应明确所遵循的标准。如果图形符号不存在，则必须在库中清楚地标识符号的功能。制造厂应向最终用户提供所有液压、气动和电气图纸的图例，包括符号系统。

（33）新会标产品泵系统的输出要求提高。

依据：5.13.3 输出要求。

在失去一个泵系统或一个动力系统时，剩余的泵系统应能够在 30min 内将主蓄能器系统从预充压力充压至系统额定压力的 98%～100%。

5.13.7 主泵。

主泵应在系统压力降至系统额定压力的 90% 之前自动启动，并在系统额定压力的 98%～100% 自动停止。

（34）新会标产品每个泵系统的手动操作应使用开关或按钮实现启动和停止。

依据：5.13.9 手动操作。

每个泵系统的手动操作应使用开关或按钮实现。开关或按钮通过弹簧复位到"OFF"状态。示例：如果松开手动操作按钮或开关，泵将停止。

（35）新会标产品中专业蓄能器系统的泵除了打压时间和控制系统有差异外，其余要求相同，要求蓄能器压力在主控制系统和至少两个控制站位置显示。

依据：5.14 专业蓄能器系统的泵系统。

5.14.2 泵系统的累计输出容量应足以在 60min 内将专用蓄能器系统从预充压力充至系

统额定压力的98%～100%。在失去一个泵系统或一个动力系统时，剩余的泵系统应能够在120min内将专用部件蓄能器系统从预充压力充至系统额定压力的98%～100%。

5.14.9 监控。应能由主控制系统和在至少两个控制站位置（包括司钻台）监控专用蓄能器的压力。

（36）新会标产品中的管道标准改为 ASME B31.3。

依据：5.15.2 管道系统。

管道和管子应符合 ASME B31.3 规范或经认可的同等国家或国际标准。

（37）新会标产品的液量计算中原计算方法 A 已在 API 16D 第三版中撤销，购买方需按制造方提供的配置表提供参数。

依据：6.5 水上防喷器组的蓄能器容量要求。